科学新悦读文丛

你不可不知 的
古生物奥秘

[日]**大桥智之**◎编著　　曾玉尔◎译　　史静耸◎审校

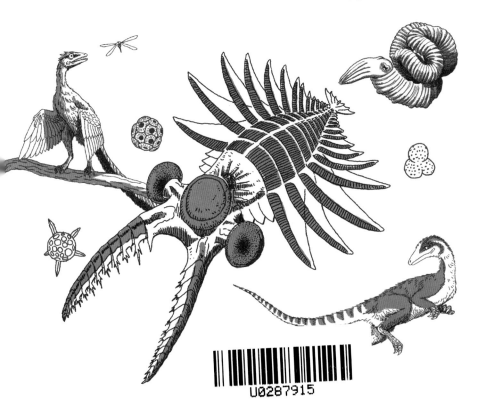

U0287915

人　　　　　　　　　
北　京

图书在版编目（ＣＩＰ）数据

你不可不知的古生物奥秘 / （日）大桥智之编著；
曾玉尔译. -- 北京：人民邮电出版社，2023.4
（科学新悦读文丛）
ISBN 978-7-115-60442-2

Ⅰ. ①你… Ⅱ. ①大… ②曾… Ⅲ. ①古生物－普及
读物 Ⅳ. ①Q91-49

中国版本图书馆CIP数据核字(2022)第214154号

◆ 编　　著　[日]大桥智之
　　译　　　　曾玉尔
　　审　　校　史静耸
　　责任编辑　王朝辉
　　责任印制　陈　犇
◆ 人民邮电出版社出版发行　　北京市丰台区成寿寺路 11 号
　　邮编　100164　电子邮件　315@ptpress.com.cn
　　网址　https://www.ptpress.com.cn
　　三河市祥达印刷包装有限公司印刷
◆ 开本：880×1230　1/32
　　印张：4　　　　　　　2023 年 4 月第 1 版
　　字数：98 千字　　　　2023 年 4 月河北第 1 次印刷
　　著作权合同登记号　图字：01-2021-5735 号

定价：39.80 元
读者服务热线：**(010)81055410**　印装质量热线：**(010)81055316**
反盗版热线：**(010)81055315**
广告经营许可证：京东市监广登字 20170147 号

前言

一听到古生物，不知道大家脑海中会想到什么。

是以暴龙为代表的巨型恐龙吗？也许有人会联想到奇虾、旋齿鲨等外形独特有趣的生物，也许有人会联想到菊石化石、三叶虫化石等人们耳熟能详的化石。

部分已灭绝古生物的外形、大小以及它们奇特的生活方式是现在的我们所无法理解的，也是科学家们挠破了脑袋也无法解释的。

但有一点可以明确，那就是生物没有所谓正常与奇怪之分。

在近46亿年的历史中，地球的环境发生了翻天覆地的变化。现存生物之所以能从无数次大规模的灭绝危机中化险为夷，就在于生物的多样性。中生代晚期，不会飞的恐龙全部灭绝，而此前一直不太起眼的哺乳动物开始繁荣兴旺。正常也好，奇怪也罢，正是因为有多样性，生物才能进化至今，并且一脉相承。

本书介绍了许多有趣、充满魅力的古生物。希望大家能够通过阅览本书，对生物的多样性及不同生物间的紧密联系有所了解。

大桥智之

目录

中生代 约2亿5200万—约6600万年前

新生代 约6600万年前至现代

*部分古生物的名称、生态、生存年代存在诸多说法，本书仅选其一。

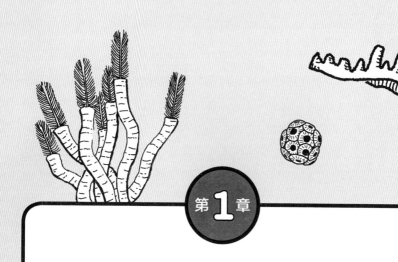

第1章

像电视剧一样有趣！
地球史与古生物之谜

1

古生物是什么

地球诞生于约46亿年前。一般认为，地球诞生之初的环境十分恶劣，大约在6亿年后（约40亿年前），环境才逐渐稳定，生命由此诞生。

自那之后的漫长岁月中，数量庞大的生物在地球上出现又消亡，目前我们所能实际观察到的只不过是其中极小的一部分。

在人类先祖出现之前的一切地球生物统称为古生物（又称史前生物）。所谓古生物学，就是对这些古生物进行探究的学科。

古生物不仅指动物，还包括植物、微生物等一切生物。其中，许多古生物仅仅存在于过去某个时期，目前早已灭绝。因此，唯一能证明它们存在过的化石成了古生物研究的重要依据。通过对一块块化石的收集研究，迄今为止我们所发现的古生物（有论文记载的化石种）已有约25万种之多。当然，其中绝大部分被认为已经灭绝。

地球现存已知最古老的生物是有着约35亿年历史的蓝细菌。 虽然探索生命的奥秘仍旧任重而道远，但那些已然被揭开神秘面纱的古生物，它们的形态、生态、繁盛期以及进化、灭绝的历史却使我们受益匪浅。

古生物的出现与繁荣

绝对年代	动物界		植物界	
46亿年前 5亿4100万年前	无脊椎动物时代	• 原生动物、海绵动物、刺胞动物的出现 • 三叶虫的出现	藻类时代	• 蓝细菌类的出现 • 细菌类的出现 • 绿藻类的出现 • 藻类的繁荣
4亿4300万年前	鱼类时代	• 鱼类的出现 • 三叶虫的繁荣		
4亿1900万年前		• 珊瑚、海百合的出现	蕨类时代	• 陆上植物的出现
3亿5900万年前		• 两栖类的出现 • 鱼类的繁荣		
2亿9900万年前	两栖类时代	• 两栖类的繁荣、纺锤虫的出现、爬行动物的出现 • 三叶虫与纺锤虫的灭绝		• 木生蕨类植物形成大森林 • 裸子植物的出现
2亿5200万年前	爬行类时代	• 爬行动物的繁荣 • 哺乳类的出现	裸子植物时代	• 苏铁科的出现
2亿100万年前		• 大型爬行动物（恐龙）的繁荣 • 鸟类（始祖鸟）的出现		• 针叶树的繁荣
1亿4500万年前		• 大型爬行动物（恐龙）与菊石类的繁荣与灭绝		• 被子植物的出现
6600万年前 200万年前	哺乳类时代	• 哺乳类的繁荣 • 人类的出现	被子植物时代	• 被子植物的繁荣

2 如何认识已经灭绝的生物

以偶然成为化石的生物为线索

认识已灭绝生物的最佳途径就是研究化石。化石是指过去的生物遗留在地层中的尸骸与痕迹，主要指1万年之前的部分。

并非所有的生物死后都会变成化石，即使是骨头、壳等坚硬的部分，在经历了漫长岁月的冲刷后也会风化，最终往往支离破碎。

但是，如果生物死后马上沉入水中，随着沉积物的堆积，尸骸会逐渐在不断的压缩中变得越来越坚硬，发生成岩作用。

如果这部分地层后来隆起成为大陆，古生物遗留于其中的尸骸就成了我们能够找到的化石了。

化石种类繁多，主要用于古生物研究的代表性化石有实体化石、遗迹化石、化学（分子）化石。

实体化石是生物整体或部分身体所形成的化石。博物馆中展示的大多数化石都属于实体化石。

然而，无论实体化石的保存状态有多么好，都无法将生物整体完好无损地保存下来。

一般来说，双壳贝类的化石是完整的壳，而爬行动物、哺乳动物的化石多为骨骸与牙齿，都并非整体。因此，研究化石似乎是不可靠的。但18世纪的法国古生物学家乔治·居维叶使其变得可靠起来。

生物的各个器官总是相互配合，共同发挥着作用。比如，出于捕捉猎物的需求，肉食性动物通常具备爪、足、齿形态的器官。因此，根据某个部位的化石就能推测出该古生物的全貌——**从这种角度来推定生物生态的学科就是比较形态学。**

化石是如何形成的？——以奇虾为例

刚刚死亡的奇虾沉入了海底。

5亿2000万年前的寒武纪

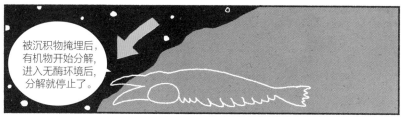

被沉积物掩埋后，有机物开始分解，进入无酶环境后，分解就停止了。

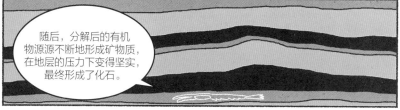

随后，分解后的有机物源源不断地形成矿物质，在地层的压力下变得坚实，最终形成了化石。

看！

经过长年累月的地壳变动与风化作用后含有化石的地层升到了地表。

咔嚓！

寒武纪时期有一种著名的岩石被称为伯吉斯页岩。若像这样对其进行敲击，它就会像书页一样"咔嚓"一声剥落，其中含有的化石也就随之被发现。

3

目前，地球上究竟有多少种生物

古生物的数量远超现存生物

现在，地球上已知的生物有170多万种。但是，这仅仅只是冰山一角。科学家们认为，还有许多生物尚未被发现。如果加上这一部分，地球上的生物或许有500万~3000万种。[数据来源：日本2013年版《环境·循环型社会·生物多样性白皮书》（简称《环境白皮书》）]

也就是说，**目前已知的物种数量可能尚未达到实际物种总数的一半。**

可以说，全球生物的多样性正闪烁着未知的光芒。

作为人类，我们尚且无法把握正与自己生活在同一个地球上的生物的全貌，更不必说古生物了。

目前，在古生物学领域，通过化石确定的古生物约有25万种。然而，这些不过是偶然变成化石后被人类所发现、研究分析的物种。已知的170多万种生物中，大多数为昆虫。昆虫在很好地适应了陆地、水域等各式各样的环境后进入了繁盛期。然而，昆虫很难以化石形式留存下来。可以说，古生物中的绝大多数昆虫都尚未被人类所发现。

专家推测，在约46亿年的历史之中，地球上共存在过450万种左右的生物，有人甚至认为生物有数千万种之多。

比如，得到学术界认定的恐龙约有1100种，而研究者称，恐龙的实际数量可能有数十万种之多。

揭开全体地球生物的神秘面纱仍旧任重而道远。

目前已知的生物种类占比

*数据来源：日本国立科学博物馆筑波实验植物园官网主页

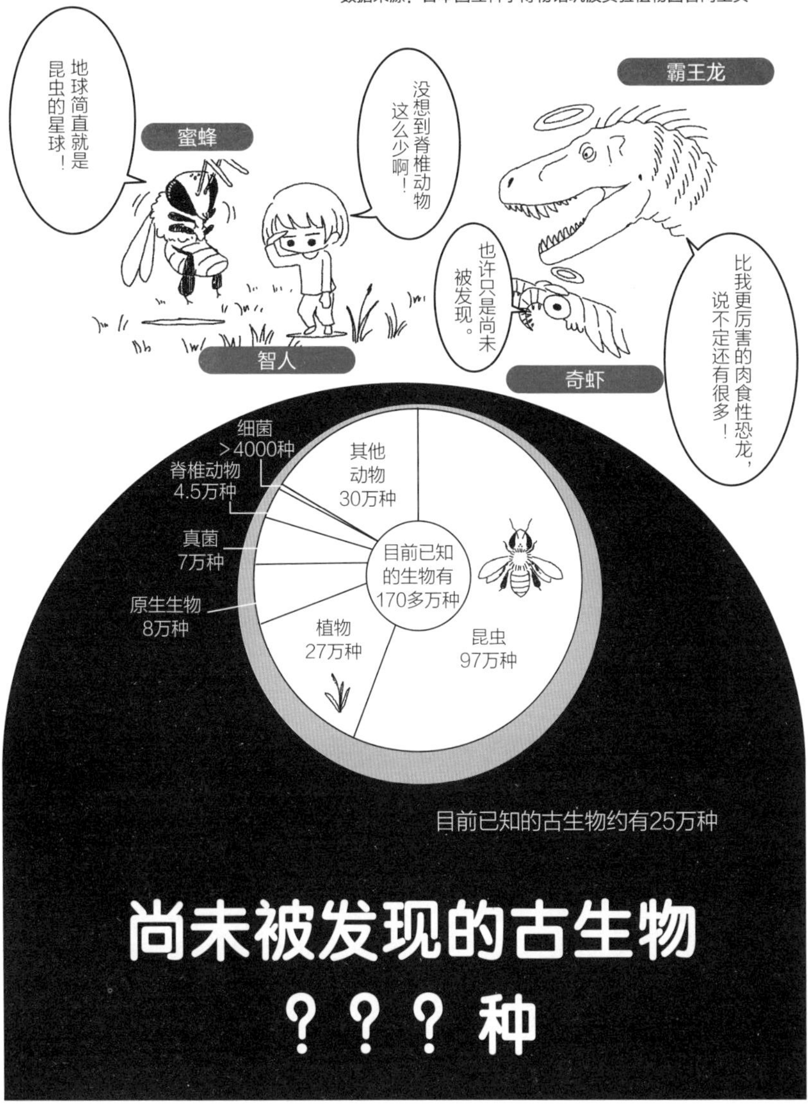

> 地球简直就是昆虫的星球！

蜜蜂

> 没想到脊椎动物这么少啊！

霸王龙

> 也许只是尚未被发现。

智人

奇虾

> 比我更厉害的肉食性恐龙，说不定还有很多！

细菌
>4000种

脊椎动物
4.5万种

真菌
7万种

原生生物
8万种

其他
动物
30万种

目前已知
的生物有
170多万种

植物
27万种

昆虫
97万种

目前已知的古生物约有25万种

尚未被发现的古生物
？？？ 种

4 约46亿年的地球史

始于寒武纪的漫长历程

约46亿年前，太阳系诞生了。与此同时，地球也开始形成。 地球的诞生史大致可分为两个阶段：前寒武纪及显生宙。前寒武纪之所以如此漫长是有原因的。大量陨石碰撞聚集后形成了一个巨大的球块，这就是地球的雏形。形成初期，地球表面是一片岩浆海洋。岩浆海洋冷却凝固后形成陆地，这一过程大概需要数亿年。在前寒武纪中，46亿—38亿年前的时期被称为冥古宙，其后是太古宙。目前，地球上已知最古老的岩石源自太古宙，这时生命也开始出现。

一般认为，在澳大利亚发现的蓝细菌化石（约35亿年前）是现存最古老的化石。后来，科学家们在格陵兰岛的堆积岩（约38亿年前）中发现了生命的迹象，因此推断生命在更早之前就已经诞生了。

约27亿年前，能够进行光合作用的细菌、蓝细菌开始大规模繁殖，遍布整个海洋。记录了它们活动痕迹的堆积物被称为叠层石。

前寒武纪的最后一个时期是元古宙（约25亿年前）。**在元古宙，包括真核生物在内的原生生物（藻类等）登场。这一时期，由于蓝细菌的光合作用，大气中的氧气浓度急剧上升。就这样，显生宙终于拉开了帷幕。**

前寒武纪的生命记录

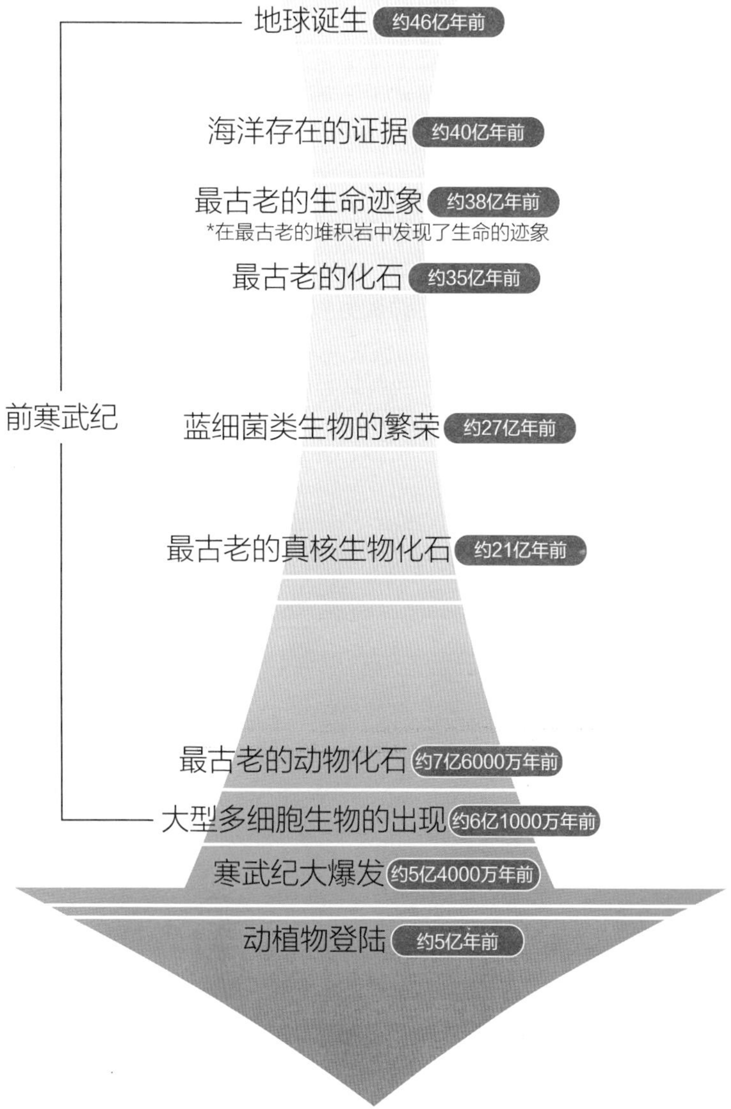

地球诞生　约46亿年前

海洋存在的证据　约40亿年前

最古老的生命迹象　约38亿年前
*在最古老的堆积岩中发现了生命的迹象

最古老的化石　约35亿年前

蓝细菌类生物的繁荣　约27亿年前

最古老的真核生物化石　约21亿年前

前寒武纪

最古老的动物化石　约7亿6000万年前

大型多细胞生物的出现　约6亿1000万年前

寒武纪大爆发　约5亿4000万年前

动植物登陆　约5亿年前

5

什么是地质时代

标志化石所揭示的地球生命史

在漫长的历史岁月中，黏土、沙尘、火山灰、生物尸骸等堆积在一起就形成了地层。

依据地层中的化石所划分的时代被称为地质时代（又称地质年代）。 地质时代为当时的环境、生物的繁荣及灭绝提供了判断标准。

三叶虫化石、菊石化石等**能够为地质时代提供判断标准的化石被称为标志化石，** 而造礁珊瑚等**能够为推测古环境提供依据的代表性化石则被称为指相化石。**

前寒武纪结束后，地球进入了显生宙。此时，生物呈现出多样化趋势，这一现象被称为寒武纪大爆发。地层中，属于这一时期的化石种类繁多。而从这一时期开始，地质时代的划分也越来越详细。

显生宙主要分为古生代、中生代、新生代，其主要特征如下。

在古生代，众多诞生于海洋的生物开始登上陆地。到了中生代，爬行动物出现了繁荣的景象。而到了新生代，哺乳动物逐渐崛起。

古生代、中生代、新生代还能以"纪"为单位进行再划分。**古生代可分为寒武纪、奥陶纪、志留纪、泥盆纪、石炭纪、二叠纪（6纪），中生代可分为三叠纪、侏罗纪、白垩纪（3纪），新生代可分为古近纪、新近纪、第四纪（3纪）。** 另外，新生代一般可以"世"为单位进行细分。

通常来说，以上划分已经够用了，但古生物学家会在此基础上再进一步细分地质时代。比如说，2020年国际地质科学联合会将新生代第四纪的前半部分正式命名为"千叶期"。在此之前，其曾被暂称为"中更新世"，用来指代78万～13万年前的地质时代。

地质时代的划分及标志性事件

地质时代		绝对年代	标志性事件
前寒武纪		约46亿年前	寒武纪大爆发
古生代	寒武纪	约5亿4100万年前	
	奥陶纪	约4亿8500万年前	奥陶纪晚期，海平面变化导致生物大灭绝
	志留纪	约4亿4300万年前	
	泥盆纪	约4亿1900万年前	泥盆纪晚期，海平面变化与气候变化导致生物大灭绝
	石炭纪	约3亿5900万年前	
	二叠纪	约2亿9900万年前	二叠纪晚期，西伯利亚火山爆发，熔岩涌上地表导致史上最大的生物灭绝
		约2亿5200万年前	
中生代	三叠纪	约2亿100万年前	三叠纪晚期，中大西洋火成岩省火山活动导致生物大灭绝
	侏罗纪	约1亿4500万年前	
	白垩纪	约6600万年前	白垩纪晚期，陨石撞击地球导致生物大灭绝
新生代	古近纪　古新世		
	始新世		
	渐新世	约2300万年前	
	新近纪　中新世		
	上新世	约258万年前	
	第四纪　更新世		
	全新世	现代	

6

有『厕所化石』之称的遗迹化石——Zoophycos是什么

遗迹化石是生物存在的重要证据

Zoophycos是一种岩石表面似枯山水[1]般呈现出放射状花纹的遗迹化石。Zoophycos存于深海之中，日本的房总半岛及屋久岛等地也曾发现此类化石。科学家们认为，其留存了深海无脊椎动物刺蛏属摄食、排泄的痕迹，因此也被称为"厕所化石"。

此类**不属于古生物的一部分，但保留了其生活痕迹的化石被称为遗迹化石。**遗迹化石可分为居住迹、移迹、足迹、粪化石等种类。人们依据遗迹化石虽然无法得知具体的生物种类，但是能够判断出生物曾经存在于此，获得重要的信息。

比如说，如果对恐龙化石附近的粪化石进行化验，根据其是否含有骨头等物质就能推断出此类恐龙是否具有肉食属性。

再说回Zoophycos。像刺蛏属等没有硬壳的软体动物很难成为化石。但是，通过遗迹化石就能判断出在过去的某个时代，曾有生物存在于此。然而，就目前而言，很难根据遗迹化石推测出具体的古生物种类。

因此，科学家们为遗迹化石设定了单独的划分方式——遗迹分类群。这一划分方式能够通过遗迹化石的形状等特征进一步对其进行分类。也就是说，Zoophycos只是遗迹化石的一种分类，并不是具体生物的名称。

前寒武纪的生物及深海生物很少有实体化石，因此，遗迹化石是探知生态系统未知领域的重要线索，今后也必定会逐渐发挥更大的作用。

---

1 译者注：日本的一种园林景观样式。

18

多种多样的遗迹化石

地层中的遗迹化石与古生物的活动及生态习性息息相关，种类繁多。

居住迹	人们曾发现栖息于海底的螃蟹、蝼蛄虾等在泥沙中挖掘的洞穴群
移迹	不同生物的移迹各不相同，包括海底泥沙表面的爬行痕迹，也包括生物潜入泥底向外伸出触手所形成的痕迹
足迹	以恐龙足迹为代表，广翅鲎在登上陆地时留下的足迹也属于此类
粪化石	粪便形成的化石，是判断生物食性的直接依据

粪化石的形成

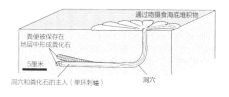

通过吻摄食海底堆积物

粪便被保存在
地层中形成粪化石

5厘米

洞穴和粪化石的主人（单环刺螠）

洞穴

像树枝般分叉的管状洞穴中，密密麻麻地堆积了一颗颗粪便！

单环刺螠吞食海底的沙，通过吃其中的浮游生物摄取营养，剩下的沙则作为粪便被排出体外。上图为单环刺螠的粪化石。右图为单环刺螠洞穴中堆积的粪便细节图。

图片来源：泉贤太郎

7

震旦纪的古生物是怎样的

出现大量复杂生物体的生物黎明期

学者认为，原生代时的地球曾两次进入冰期，那时地球表面的一切都被冻结。这一观点被称为"全球冰冻""雪球地球"。

震旦纪是地质时代名称，代指约6亿3500万—约5亿4100万年前的这段时间，相当于全球冰冻的最后一次冰期至古生代寒武纪伊始。

一般认为，全球冰冻导致了原生生物的大灭绝和随后出现的寒武纪大爆发。在寒武纪大爆发时期，全球约有1万种新生物突然出现。

科学家们在震旦纪时期的地层之中发现了超过100种不可思议的化石。其中，绝大多数为印痕化石，即倒在湿润的沙子中，仅有身体轮廓被保存下来的生物的化石。也许是因为此类生物没有坚硬的外壳与骨骼，其身体才无法被保存下来。

但是，通过它们留下的痕迹，我们也能够清晰地判断出其是地球上最早的多细胞生物。这些生物被称为埃迪卡拉动物群[1]，因曾在澳大利亚阿德莱德北部的埃迪卡拉山上出土过大量相关化石而得名。

震旦纪生物的最大特征为无目、无齿、无鳍。尼米亚似海葵是埃迪卡拉动物群中的一种，其外形酷似水母，像刺胞动物的原始形态。

然而，其中也有像狄更逊水母、叶状形态类生命般无法解释的生物。

在今天，埃迪卡拉动物群仍是一个谜。有学者认为，埃迪卡拉动物群是后来出现的节肢动物的先祖。也有学者认为，埃迪卡拉动物群与现存所有的生物毫无关系，因为其已经灭绝。

---

1 译者注：震旦纪因而又称埃迪卡拉纪。

埃迪卡拉动物群

狄更逊水母

外形像一块坐垫
体长约10厘米

左右脉络呈不对
称状。

叶状形态类生命

外形像树叶
体长约2米

究竟是植物还是动物，
至今未有定论。

尼米亚似海葵

外形似水母
体长约1.5厘米

● 埃迪卡拉

原本栖息在浅层海底的生物由于一些不
明原因突然被沙土掩埋，形成了化石。
这就是埃迪卡拉动物群化石的由来。
近年来的研究指出，狄更逊水母可能是
一种动物。然而，关于埃迪卡拉动物群，
许多未知谜团仍待进一步解开。

8

如何给古生物分类

古生物与现存生物一样，以"种"为基本单位

生物之间紧密相连，在居住环境中构建出了生态系统。为认识这种生态系统，我们需要调查各种生物的特征并对其进行系统分析。

这种依据生物特征对其进行分类，从而理解生物多样性的学科被称作分类学。分类学已经成为生物学、古生物学的一个重要分支。

"种"是生物分类的基本单位。在生物学上，"种"被定义为"形态一致，能互相繁殖，而不能与其他群体繁殖（生殖隔离）的生物"。

但在古生物领域，由于生物留存下来的仅有化石，我们无法判断其是否能互相繁殖。因此，一般的古生物分类法是通过生物形态的相似之处与不同之处来确定其所属的种。

现在的分类学中存在一种名为"三域系统"的学说。

三域系统学说基于rRNA（核糖体RNA）序列将细胞生命形式分为真核域、古菌域、细菌域3类。动物界与植物界的生物属于真核域。

细究我们会发现，生物的分类阶元从高到低依次为界、门、纲、目、科、属、种。除此之外，还使用亚目等更细的分类层级。

在化石研究领域，科学家们从化石所属部位的特征出发，调查其属于哪一阶元。

虽然古生物学研究的对象是已经灭绝的生物，但与对现存生物的研究一样，通过了解已灭绝的生物所属的阶元，探索其过往的生命历程，是古生物学的目标所在。

分类阶元的区分

| 域 | 真核域 | 古菌域 | 细菌域 |

| 界 | 动物界 | 原生生物界 | 植物界 | 真菌界 |

| 门 | 节肢动物门 | 软体动物门 | 脊索动物门 | …… |

| 纲 | 哺乳纲 | 爬行纲 | 两栖纲 | …… |

| 目 | 食肉目 | 啮齿目 | 灵长目 | …… |

| 科 | 眼镜猴科 | 人科 | 长臂猿科 | …… |

| 属 | 人属 | 黑猩猩属 | 大猩猩属 | …… |

| 种 | 尼安德特人种 | 智人种 | 直立人种 | …… |

比如，将人进行分类，人属于动物界、脊索动物门、哺乳纲、灵长目、人科、人属、智人种。

什么是有『小巨人』之称的微体化石

微生物是了解整个生态系统的重要途径

微体化石指的是人们用肉眼难以观察到的微小化石。但近年来，科学家们还发现了大小为1～5厘米的微体化石。

这些化石非常微小，只有使用高性能的光学显微镜和电子显微镜等仪器才能看到，但从中获得的信息对古生物研究大有裨益。近年来，微体化石的重要性与日俱增，称其为"小巨人"也不为过。

微体化石的重要作用之一就是划分地质时代。过去，科学家们主要依据地层中三叶虫、菊石类、贝类等的较大的化石来判断地质时代。

但是，地层的堆积物里还含有大量的微生物。也就是说，地层中蕴藏着庞大的生命信息。而且，**因为微生物的进化速度很快，所以研究微生物是如何为了适应时代环境而发生变化的，就可以判断出具体的年代，而研究微生物形成的微体化石是一条重要的途径。**

20世纪后半叶，随着显微镜等仪器性能的提高，微体化石的研究也步入迅速发展时期。近年来，依据微体化石开展的新生代地层年代研究越来越多。在古生代和中生代的研究中，则普遍组合使用微体化石和大型化石。

此外，依据微体化石开展的远古地球环境变化研究也十分兴盛。比如说，将装有重物的金属筒沉入大海，采掘海底深处的堆积物，通过海底的微体化石调查远古地球环境。

上述研究中通常使用的代表性微体化石有放射虫类化石、有孔虫类化石、硅藻类化石、颗石藻类化石、牙形石等。

代表性微体化石

放射虫类化石	从古生代寒武纪至今，放射虫类是广泛栖息在海水表面至深海的原生生物，其含有石灰质的骨骼得以作为化石留存下来
有孔虫类化石	和放射虫类一样，有孔虫类是从古生代寒武纪至今，广泛栖息在半咸水至深海的原生生物。其中，具有石灰质骨骼的该生物化石被广泛用于研究
硅藻类化石	硅藻类是可进行光合作用的单细胞藻类，栖息在海水、淡水和半咸水区域，但不栖息在无法进行光合作用的深海。该类生物在中生代侏罗纪时出现，进入新生代后呈现出多样化趋势。因此，其化石（硅壳）在新生代年代划分的研究中发挥着重要作用
颗石藻类化石	形成该类化石的颗石藻类从中生代三叠纪晚期至今，栖息在有光照的海水中。其细胞表面有石灰质鳞片（钙板金藻）形成的颗石，且分布广泛，进化速度快，因此对划分年代和古环境研究至关重要
牙形石[1]	形成该类化石的生物从古生代寒武纪至中生代三叠纪末，主要栖息在浅海。在从古生代奥陶纪至中生代三叠纪的约3亿年间，该类生物逐渐呈现出多样化趋势。数量繁多的牙形石是这一时期的重要标志化石*

---

1 译者注：目前，牙形石已经被证实为七鳃鳗等无颌类生物的牙齿化石，并非某种古生物。

如何确认已灭绝的生物的生态及颜色

生物学、地质学等综合假说的积累

实际上，我们再也不可能看到已灭绝的生物了。

那么，我们应如何确认它们的生态及颜色呢？就像前文所介绍的一样，在古生物学领域，**科学家们主要通过出土化石的形状、所属年代、成分及其他产物等信息，来推定已灭绝的生物的所属物种组别，从而提出了一个个假说。**

生态是什么呢？在生物学中，生态指的是生物在自然环境下生活的状态。因此，我们不仅可以通过化石的形状，还可以通过复原古生物物种的生活环境来了解古生物的生态。

关于生态。首先，此类古生物物种是栖息在海洋还是陆地？这是一条线索。其次，现在科学家们对各地质时代的气象环境已经有比较深入的研究，这一点也非常重要。

关于颜色。科学家们在保存状态良好，甚至还有羽毛的化石上发现了与黑色素相关的黑素体。他们使用电子显微镜探究其形状与密度，推测出了古生物的肤色，并由此确认了约10种恐龙的颜色。

虽然科学家们提出的仅仅是假说，**但是，积累一个又一个假说，讨论其矛盾之处并不断进行修正，可以增加我们对已灭绝的古生物的了解。**

颜色已得到确认的中华龙鸟属恐龙

中华龙鸟属恐龙是颜色已得到确认的恐龙之一。其脊背至尾部长有橙红色羽毛，尾部呈条纹状。

中华龙鸟属恐龙

解开谜团的关键在于黑素体！

黑素体

观察羽毛中黑素体的形状、分布、密度等，可以在一定程度上推测出古生物的颜色。

红色

黑色

近鸟龙科恐龙

条纹

11

什么是生物的进化

进化发生在集体中，而不是个体上

"进化"一词被广泛运用在日常生活中的各个场合，在形容产品性能提高或者人的能力提升时可以使用，偶尔还可以说"我们的目标是进化"。

但是，"进化"原本专门指"生物进化"，其本意和上述使用场合中的含义是大相径庭的。

举一个例子。中生代三叠纪，某雄性爬行动物与雌性爬行动物产下了后代。其中，部分后代的骨盆上有洞，因而腿骨的连接方式发生了变化，它们可以迅速移动，也就有了更大的生存机会。

在这些后代之中，遗传了同样特征的会拥有更多的后代。**几代下来，骨盆上有洞的物种成为多数，最终，它们成为恐龙的祖先。这就是生物的进化。**

换句话说，进化是发生在集体中的变化，而不是个体上。

而且，**生物的进化并非一朝一夕就能完成的，耗时极长。**另外，即便是同一物种的生物，个体之间在进化上也存在着细微差异。

如果这些细微差异有利于生存，那么遗传这种特征的生物会增加，几代下来，细微差异会变成巨大差异，并推动生物进化为新的物种。这就是进化带来的适应性。

可以说，这种量变与质变的循环往复就是生物的进化史，"各有差异""各具特色"是进化的动力。

进化是细微差异的量变与质变

黑猩猩是与人最接近的物种。普遍认为，在数百万或数千万年前，人与类人猿开始出现基因分化。现在，人与黑猩猩在外表、能力上呈现出的巨大差异，是细微差异的量变与质变导致的，仅隔一代是无法产生的。

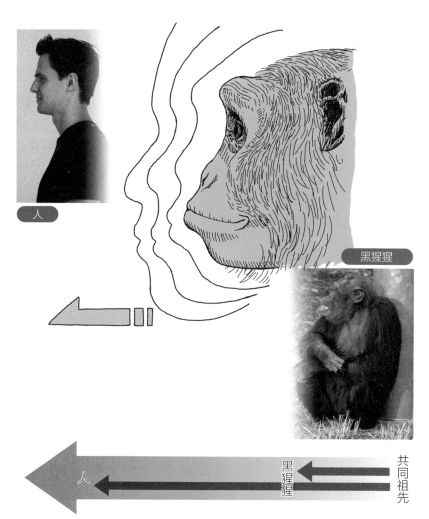

人

黑猩猩

共同祖先

黑猩猩

人

对极端环境中的古生物的研究有哪些发现

从极端环境探索生命进化的奥秘

极端环境的温度、酸碱值（pH值）、盐度、氧气浓度、压力等条件处于可孕育包括人类在内的诸多生物的环境临界点。**生活在这种可怕环境下的微生物（细菌等）被称作极端环境微生物。** 在满足一定条件的前提下，也会出现栖息在极端环境中的真核生物。

比如，即便是在几乎没有生命迹象的深海，也存活着细菌。它们从沼气和硫化氢中吸取营养，栖息在海底冒出热水的地方。与这种细菌共生的管虫（又称管栖蠕虫、管状蠕虫，无口无肛，是沙蚕的同类）、双壳纲的白瓜贝形成了独特的生态系统。

实际上，科学家们普遍认为**极端环境下存在着揭开生命进化奥秘的"关键钥匙"。**

极端环境似乎在生命进化中发挥了巨大的作用。本来，从现存生物的DNA系统树来看，**可以得知生命诞生于热水环境。**最古老的生命化石，即35亿年前的细菌化石就是在起源于热水的地层中被发现的。在极端环境下，微生物之间、微生物与动物之间常常存在共生关系。

食骨蠕虫栖息在沉入海底的鲸尸骸之中。栖息在热水环境中并与微生物共生的管状蠕虫是由食骨蠕虫进化而来的。在进化过程中，它改变了共生微生物的种类。从化石来看，在鲸出现之前，食骨蠕虫曾栖息在蛇颈龙的尸骸之中。

共生进化促进了大量的生物进化，现在我们从化石中也能找到相关线索。

与细菌共生的、无口无肛的管状蠕虫

管状蠕虫

环节动物门
多毛纲
缨鳃虫目
西伯加虫科
体长数十厘米至2米

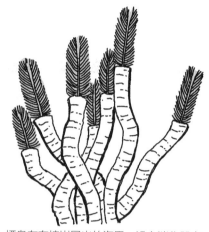

管状蠕虫发现于科隆群岛深海，栖息在有熔岩冒出的海里，没有消化器官，与细菌共生。

栖息于尸骸中的食骨蠕虫

食骨蠕虫

环节动物门
多毛纲
缨鳃虫目
西伯加虫科
体长数厘米

在日本鹿儿岛县野间岬发现的鲸尸骸上，人们发现了被认为是由食骨蠕虫类造成的侵蚀痕迹。

图片来源：宫本教生

13

导致物种锐减的『大灭绝』有哪些

古生物研究中生物大灭绝与生物多样性的重要性

大灭绝是指某一时期，许多生物物种一同消失（灭绝）的现象。白垩纪晚期的生物大灭绝为人熟知。在那次大灭绝中，包括恐龙在内的大量生物全部不复存在。实际上，古生代以后，至少发生过5次生物大灭绝。其中，规模最大的一次发生在古生代与中生代的交界期。

在此次灭绝事件中，由于大规模的环境变化连连发生，包括三叶虫在内，约96%的物种不见了踪影。此外，为了明确划分地层，我们使用P-T界线[1]这一地质时代划分词称呼该交界。

在此次灭绝事件中，部分物种虽然数量锐减，但在跨越P-T界线后再次繁荣，菊石便是其中之一。

最近的一次大灭绝（K-Pg界线[2]）发生在中生代与新生代的交界期，导致这次大灭绝的是巨大陨石的撞击。此次大灭绝的规模比发生在P-T界线的要小，但恐龙、鱼龙等大型爬行动物及菊石等彻底消失，使得之后哺乳动物崛起。可见，大灭绝也是生物进化的契机。

大灭绝虽然并不是每隔几年就会发生，但一个物种的灭绝会导致生态系统遭到破坏，其他物种会相应减少（适应新环境的则增多）。大规模的生物灭绝有一定的周期性，每隔数千万年才会发生一次。

近年来，全球气候变暖和环境破坏削弱了生物多样性。对此，许多科学家已敲响警钟，将其称作"第6次大灭绝"。而对古生物的进一步了解是应对此次危机的关键所在。

1　译者注：P指Permian，二叠纪，古生代最后一个地质时代；T指Triassic，三叠纪，中生代第一个地质时代

2　译者注：K指希腊文的Kreta，白垩；Pg指Paleogene，古近纪

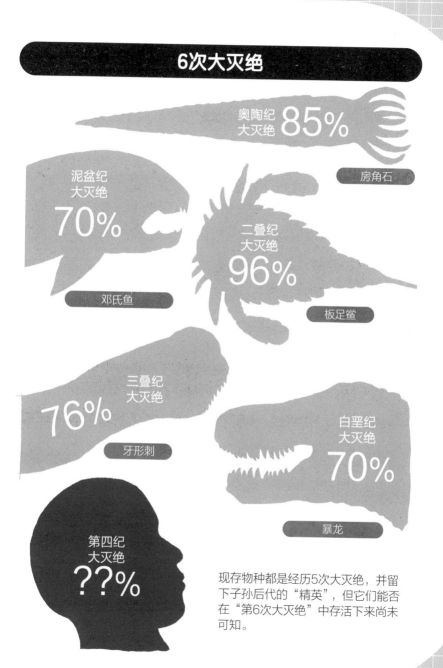

6次大灭绝

奥陶纪大灭绝 **85%**

房角石

泥盆纪大灭绝 **70%**

邓氏鱼

二叠纪大灭绝 **96%**

板足鲎

三叠纪大灭绝 **76%**

牙形刺

白垩纪大灭绝 **70%**

暴龙

第四纪大灭绝 **??%**

现存物种都是经历5次大灭绝，并留下子孙后代的"精英"，但它们能否在"第6次大灭绝"中存活下来尚未可知。

古生物研究的前沿技术有哪些

前沿技术展现的生命全貌

也许，一说到古生物研究员，大多数人的脑海中会浮现出一群用锤子敲打岩石、绘制化石素描、看显微镜的人。

当然，即便是在21世纪，挖掘和记录化石都是不可或缺的研究手法，但古生物学领域也陆续出现了许多新技术。

近年来的一大技术突破使"透视"成为可能。

化石是无比珍贵的，通过CT和同步加速器（环形加速器），只要将放射线对准化石，就可以观察其内部，而不会对其造成损坏。

受惠于此项技术，我们终于解开尘封了上百年的谜团，对旋齿鲨的牙齿和下颚形状有了新的了解。此外，有报告指出，应用此项技术，还可以观察到其骨头之外的内脏部分。相关领域进一步的研究成果备受期待。

另一个巨大的技术突破出现在分析技术方面。 在地层中可以找到生物分解后形成的各种有机物，如碳氢化合物、氨基酸、DNA等。此类有机物形成的化石被称为化学（分子）化石。

因此，**即使部分生物没有外壳、牙齿等硬组织形成化石，我们也能知道它们的存在。**

近来，通过对此类生物分解后形成的有机物的分析，科学家们得出了埃迪卡拉动物群中的狄更逊水母是动物的结论。

此外，化石标本实现3D建模数字化之后，恐龙研究领域焕发新机。比如说：科学家们可以通过计算机动画技术将恐龙骨骼复原，建立包括肌肉在内的恐龙模型，以推断恐龙的身体活动状况；另外，还可以对恐龙的大脑和半规管进行复原。目前，此类将恐龙视为"活物"的研究正在逐渐开展。

赫里福德郡化石

在英国的赫里福德郡出土的结核石中，包裹着大量化石。

只要将结核石敲开就能看到化石。但对于直径仅几厘米的结核石，使用这种方法很难发现化石。

这种情况下可以采取以下措施。

1. 将结核石切成薄片。

2. 将薄片依次拍摄取样后，用计算机进行合成。

Offacolus
体长约5毫米

受惠于科技的发展，各种新物种乃至其详细的立体结构也逐渐为人们所了解。

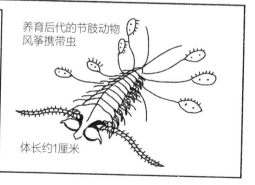

养育后代的节肢动物
风筝携带虫

体长约1厘米

15

残留在化石中的疾病痕迹

暴龙也曾为传染病所苦？！

即便恐龙等古生物已经成为化石，它们在世时的疾病痕迹仍然被保存了下来。

毛滴虫是一种微生物，会让现代人类和鸟类感染疾病。其实，**科学家们早已在白垩纪的暴龙化石上发现了毛滴虫病的痕迹。**

因全身骨骼保存良好，名为"苏"的暴龙化石在全球具有很高的知名度。

苏的下颚有洞，这些洞被认为是感染毛滴虫病后留下的痕迹。因为在现代鸟类的下颚上也能发现同样的症状。

除此之外，科学家们在恐龙化石中发现了多处骨折的痕迹，其中有些地方在骨折后再次相连、愈合。

而且，**最近有报告指出人类发现了患有骨癌的恐龙的化石。**原来恐龙也为疾病所苦。

36

第2章

超厉害超有趣！
大部分已灭绝的古生物

奇虾

古生代寒武纪最强捕食者

在古生代伊始的寒武纪，众多现存生物的祖先陆续诞生。当时的陆地寸草不生、毫无生机，海洋才是绽放生命之光的大舞台。

在寒武纪，奇虾是站在食物链顶端的霸主。**从头部伸展出来的、被称为前附肢的两根触手是其最大特征。**奇虾使用触手来捕捉猎物，是肉食性捕食者。其口器呈圆形，位于头部下方，一旦捕捉到猎物就不会让它轻易逃脱。

奇虾体长一般为数十厘米，最长可达1米，前附肢上排列着尖锐的刺。而同时代的三叶虫等生物体形均较小，最长的也不过数厘米，不及奇虾的1/10。科学家们认为，奇虾以三叶虫为食，但可能因咬不动三叶虫坚硬的外壳，而只食用刚蜕完皮的三叶虫。

奇虾有着巨大的复眼，其实这是许多寒武纪生物的共同特征。而前寒武纪的埃迪卡拉动物群就没有相当于眼睛的器官。

普遍认为，生物进化出眼睛后，其生存战略发生了翻天覆地的变化，生物进化呈现出多样性。

奇虾，关键在触手！

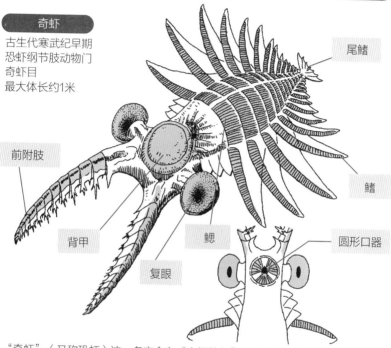

奇虾

古生代寒武纪早期
恐虾纲节肢动物门
奇虾目
最大体长约1米

尾鳍

前附肢

鳍

背甲

鳃

复眼

圆形口器

"奇虾"（又称恐虾）这一名字含有"古怪的虾"之意。有说法认为，触手和刺是奇虾的强力武器，但其口部力量较弱。

泛节肢动物的分类

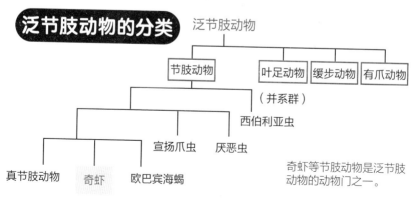

泛节肢动物

节肢动物　　叶足动物　缓步动物　有爪动物

（并系群）

西伯利亚虫

宣扬爪虫　　厌恶虫

真节肢动物　　奇虾　　欧巴宾海蝎

奇虾等节肢动物是泛节肢动物的动物门之一。

放射虫、有孔虫

虽然身形较小但十分厉害的"地球百事通"

放射虫和有孔虫最晚出现于古生代寒武纪。它们躲过了一次又一次的大灭绝危机，繁荣至今。它们形成的化石被认为是主要的微体化石。

放射虫属于海洋原生生物，是一种海洋浮游生物，形似变形虫，体内有着美丽的透明质（二氧化硅）骨骼。

透明质骨骼化石的大小仅有1毫米的1/10～1/20。

在5亿多年的历史长河中，地球上诞生了许多形态各异的物种。**它们所形成的化石是标志化石，是我们判断年代的重要线索。**

放射虫化石成为海雪（海中悬浮物）后沉至海底，经年累月形成了坚硬细密的燧石（沉积岩）。燧石是考察远古地球环境的重要线索。

有孔虫也是一种原生生物，长久繁荣于各大水域。其中，纺锤虫是古生代的一种有孔虫，体长多为1厘米左右，大的纺锤虫能达到3厘米。

有孔虫还有浮游类与底栖类之分，漂浮在海洋表面至数百米深处的被称为浮游有孔虫，而潜在海底表面至数厘米深处的则被称为底栖有孔虫。它们的结构就像一个有洞的空房间，这其实是碳酸钙形成的外壳（骨骼），被称为"室"。它们的**形状差异和外壳成分使我们可以了解其生存的年代和环境。**

近年来，地球大气中的二氧化碳浓度不断升高。有人指出，这可能使得海洋酸化，导致有孔虫无法形成外壳。

各类放射虫

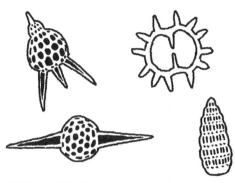

放射虫

古生代寒武纪至现在
真核生物
放射虫目
体长1~3厘米

科学家们根据外壳形状及成分对放射虫进行分类。如今记载在册的放射虫超过1万种，它们形态各异。自5亿年前诞生之后存活至今的放射虫十分神秘，充满了许多未解之谜。它们寿命多长？以什么为食？至今尚未可知。

有孔虫的种类

浮游有孔虫

底栖有孔虫

"星砂"是有孔虫的外壳。

"星砂"在日本冲绳等地也作为特产出售。其实，其原本是死去的有孔虫的外壳。底栖有孔虫的外壳呈星形，被冲上海滩后就形成了"星砂"，也称"太阳砂"。

三叶虫

从只有硬币大小到浑身是刺的"化石之王"

三叶虫是能与蓝细菌、恐龙齐名的古生物。在古生代寒武纪的海洋里首次"登场"后,三叶虫在极短的时间内便繁衍出了不同的种类,栖息范围也逐渐扩大。虽然它们在古生代晚期逐渐走向灭绝,但全世界范围内发现的三叶虫超过1万种,其化石**是界定古生代时期的重要标志化石。**生活于志留纪到二叠纪的三叶虫,光是在日本发现的就超过了120种。

三叶虫属于节肢动物门的三叶虫纲,从正上方看像3片拼在一起的叶子。它具有十分发达的复眼,可以清晰地分辨物体的形状。拟油栉虫属于早期的三叶虫,最早出现于寒武纪。这一时期的三叶虫呈扁平状,非常薄。拟油栉虫体长数厘米,头、胸、尾3处均长有尖刺,其中,尾部的尖刺长在两侧。

卡瓦拉栉虫也是三叶虫的一种,出现于奥陶纪。**在这一时期,部分三叶虫种进化出了立体厚壳,外形酷似蜗牛。**有的三叶虫头部长有触角,触角有数厘米长,顶端长有复眼。科学家们认为,这类三叶虫往往"隐身"于海底泥沙中,会伸出触角用眼睛来探察外界的状况。

有些三叶虫将尖刺作为保护自己的武器。桨肋虫与卡瓦拉栉虫被发现于同一地层,同属于三叶虫纲。其头部有两根向后延伸的尖刺,躯体两侧也长了对称的尖刺。这种三叶虫的尖刺大大小小有30多根,其属于尖刺类三叶虫。

为我们划分时代提供线索的三叶虫

拟油栉虫

古生代寒武纪
节肢动物门
三叶虫纲
体长6～9厘米

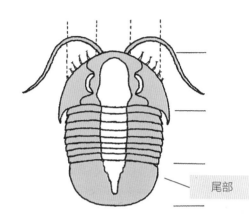

尾部

卡瓦拉栉虫

古生代奥陶纪
节肢动物门
三叶虫纲
体长约10厘米

桨肋虫

古生代奥陶纪
节肢动物门
三叶虫纲
体长约7厘米

长眼柄是其特征

尖刺

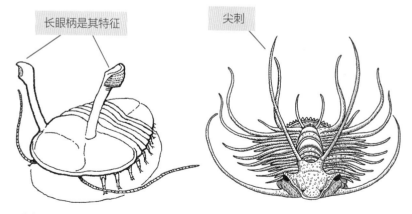

三叶虫有坚硬的外壳，以及与现在的蜻蜓一样的复眼，这可以使它躲避敌人的攻击。

海神盔虾

进化后的巨大奇虾

大部分奇虾类生物（恐虾纲）都已在寒武纪灭绝，但是也有存活下来的物种，那就是进化后的海神盔虾。海神盔虾体长达2米，体形十分巨大。

海神盔虾有两根胡子般的附肢，仿佛两把细密齿的梳子。这是它有别于寒武纪奇虾类生物的最大特征，是为了摄食海洋浮游生物而进化出来的，也就是"滤食"。这与须鲸的胡须有着异曲同工之妙。

2015年，**发表于英国科学杂志《自然》的一篇论文称，海神盔虾"可能是迄今为止发现的最早的大型滤食性动物"**。摩洛哥的奥陶纪时期的地层中曾出土了海神盔虾化石。海神盔虾的口器呈奇虾类生物特有的小圆形，头部有如盾牌一般的巨大甲壳。

奥陶纪的海洋中基本上没有其他这样的巨大生物。**海神盔虾遨游于深海，吞食海洋浮游生物，在当时可能是如同巨鲸一般的存在。**

此外，海神盔虾有上下两排鳍，这是非常罕见的特征。**这种稀有的鳍，可能是解开节肢动物腿部进化之谜的关键所在。**

现在，志留纪时期的地层中尚未发现奇虾类生物的化石，但在泥盆纪时期的地层中早已发现。

海神盔虾，比奇虾大3倍！

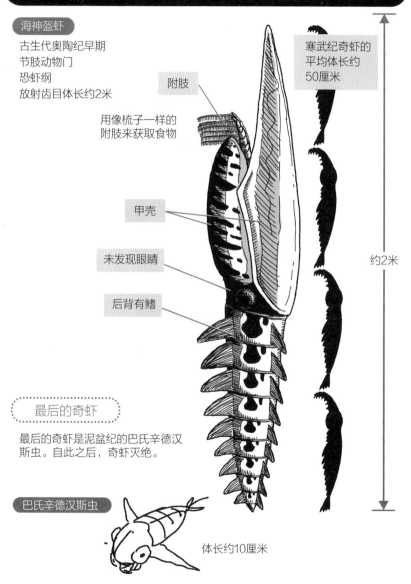

海神盔虾

古生代奥陶纪早期
节肢动物门
恐虾纲
放射齿目体长约2米

附肢

用像梳子一样的
附肢来获取食物

甲壳

未发现眼睛

后背有鳍

寒武纪奇虾的
平均体长约
50厘米

约2米

最后的奇虾

最后的奇虾是泥盆纪的巴氏辛德汉斯虫。自此之后，奇虾灭绝。

巴氏辛德汉斯虫

体长约10厘米

阿迪达斯鲎类

巨大的广翅鲎，并没有那么可怕

阿迪达斯鲎类因为与现在的鲎类相似，所以被归为广翅鲎类。然而，阿迪达斯鲎类与现在的鲎类虽是近缘种，却各有不同。

迄今为止，在北美洲和欧洲等地发现的鲎类化石已有约250种之多，但在日本尚未发现。另外，广翅鲎类虽然与现在的鲎类相似，却仍未发现长有毒刺的种类。虽然具有"海蝎子"这一别名，但部分广翅鲎类却生活在淡水或淡水－海水的混合环境中。

阿迪达斯鲎类在广翅鲎类中属于巨型种类，生存于中生代志留纪晚期的海洋中，甚至有全长超过2米的化石留存于世。**因为体形巨大，又有一双尖锐的巨钳，所以它们被称为"海洋主宰者"或"顶级掠食者"，**主要以三叶虫和鱼类为食。

但研究发现，**这种巨大的广翅鲎可能根本无法通过巨钳简单地将猎物一分为二，甚至可能连长时间抓住猎物都无法做到。**

此外，虽然从阿迪达斯鲎类的身体构造来看，其能够很快地适应水中生活，但是其实际的游泳能力甚至还不如小型广翅鲎。

阿迪达斯鲎类有6对儿足，共12条腿，可以遨游于海洋，又能漫步海底。最后一对儿足像桨一样可用来划水游泳。阿迪达斯鲎类一双巨大的复眼令人印象深刻，即便在黎明前最黑暗的时候也可视物，可能是为了在黑暗中静候猎物而生。

阿迪达斯鲎类，意外弱小的巨大"蝎子"

阿迪达斯鲎类

古生代志留纪晚期
节肢动物门
板足鲎亚纲
体长约2米

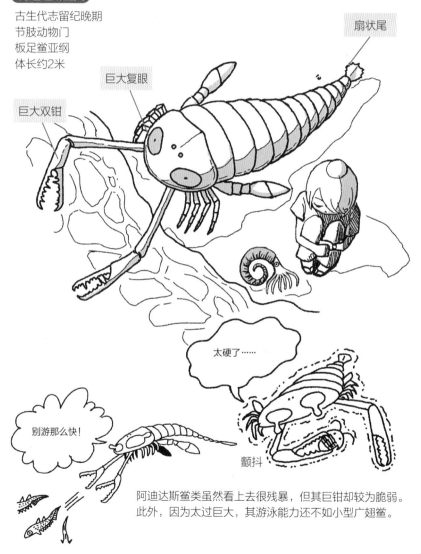

扇状尾

巨大复眼

巨大双钳

太硬了……

别游那么快！

颤抖

阿迪达斯鲎类虽然看上去很残暴，但其巨钳却较为脆弱。
此外，因为太过巨大，其游泳能力还不如小型广翅鲎。

石燕贝

古生代海底利用流体力学的"天才设计师"

石燕贝是腕足动物，出现于古生代志留纪的海底，在泥盆纪迎来了繁盛期。

腕足动物有两个外壳，长相类似双壳贝，但却不属于贝类等软体动物。

石燕贝和双壳贝的区别之一是，石燕贝的壳在腹部和背部，而双壳贝的壳在左右两侧。在石燕贝张壳时，可以看到其嘴部周围有一圈细小的触手（触手冠）。

另一个明显的区别是两种生物摄食的方法不同。双壳贝是用闭壳肌等器官来随意开合贝壳，并根据周围的状况来吞吐海水。但是，腕足动物没有这种能力，所以石燕贝只能一直保持张壳状态，通过触手来不停地觅食，"听天由命"。

正是因为进食只能"听天由命"，石燕贝的壳逐渐进化出了多种形态。

石燕贝生活在海底，**成功进化成了适应海底潮汐变化的贝壳形状，**可以说是利用流体力学的"天才设计师"。

石燕贝壳上微妙的曲线变化创造出了水流的压力差，可以把周围的海水引向壳内部，是一种绝妙的设计。

同时，石燕贝吸入的海水会在触手冠附近形成漩涡，更易于其觅食。在泥盆纪，陆地特有的植物流入江河大海，孕育了微型有机物。这为石燕贝提供了养料。

能自由操控水流的石燕贝

石燕贝

古生代泥盆纪
（出现于志留纪，泥盆纪达到繁盛期）
腕足动物门
体长约5厘米

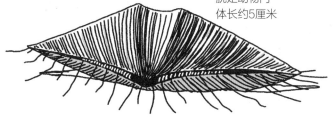

即便周围的水流速度达到了每秒1厘米，石燕贝也能利用水压使壳的内部产生螺旋状水流。

泥盆纪的地球环境与生物繁荣

在泥盆纪，地球的气温与降水量发生巨大变化，因此，地球上首次出现了真正的森林。森林为江河大海供给了大量富含营养的有机物，鱼类也因此迎来了繁盛期。石燕贝的繁盛可能也受这些环境因素影响。

海百合

现存于深海，看起来像植物，其实是动物

海百合因漂浮于海底并像百合一般而得名，与海星、海胆和海参一样，同属于棘皮动物。

海百合都有石灰质的壳，5个器官由身体中心朝外呈放射状分布，即"五辐射对称"。

海百合繁盛于古生代，当时甚至遍布海洋浅滩。正因为如此，当时的海洋浅滩甚至被称为"海百合的花园"。

海百合纲的节刺海百合出现于石炭纪之前的泥盆纪，化石大多发现于美国的地层中，其中很多被螺旋贝类缠绕。

有学者认为，螺旋贝类是为了摄取海百合的排泄物或内脏的营养而寄生于海百合中的。

此外，在对板状海百合的研究中，也有学者指出被螺旋贝类缠绕的海百合大多体形较小，因此可以确定螺旋贝类不仅摄取了海百合的排泄物，还可能夺取了海百合的营养。

在海百合中，不仅有扎根于海底的物种，如节刺海百合，也有漂浮于海洋中的物种，其代表性物种是海羽星（又称海羊齿）。海羽星一般栖息在海底，遇到危险时会游走逃脱。节刺海百合现在数量非常少，仅生活于深海中。

节刺海百合与海羽星

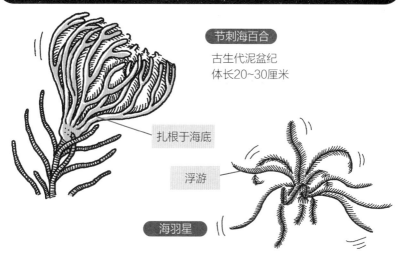

节刺海百合

古生代泥盆纪
体长20~30厘米

扎根于海底

浮游

海羽星

现在，扎根海底的节刺海百合仅生活于深海中，而浮游的海羽星在生存竞争十分激烈的海洋中也存活了下来。

节刺海百合的身体构造

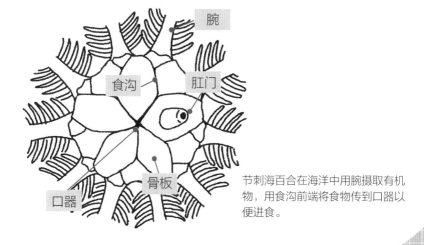

腕

食沟

肛门

骨板

口器

节刺海百合在海洋中用腕摄取有机物，用食沟前端将食物传到口器以便进食。

提塔利克鱼

兼备鱼与山椒鱼的特点，可能是人类的祖先

提塔利克鱼是古生代泥盆纪晚期出现的肉鳍鱼类生物。

肉鳍鱼类生物大约出现于4亿年前。自此之后，肉鳍鱼类生物逐渐进化为能够在陆地上生活的四足动物，包括哺乳类、爬行类、两栖类等。也就是说，肉鳍鱼类生物可能是我们远古时期的祖先。

提塔利克鱼的化石发现于距北极点约1600千米的加拿大埃尔斯米尔岛。其头部扁平，据推测，其体长最大可达2.7米。

肉鳍鱼类生物的特征是胸鳍和腹鳍中呈现出手柄一样的结构，这与四足动物十分相似，像是四足动物的手和脚。因此，提塔利克鱼被称为"最像陆地生物的鱼"。

提塔利克鱼生活于泥盆纪的海洋浅滩、河流和湖泊之中。**提塔利克鱼有着鳍和鳞等鱼类特征，同时具有坚硬的肋骨，眼睛靠近扁平头部的顶端，而这些特征与鳄鱼类似。**

提塔利克鱼的鳍上有"肘部"，也有类似"腕部"的骨头和关节，可以灵活游动。因此，提塔利克鱼能够在浅滩上"啪嗒啪嗒"地来回活动。

从水边向陆地进化——提塔利克鱼

提塔利克鱼
古生代泥盆纪晚期
体长最大达2.7米

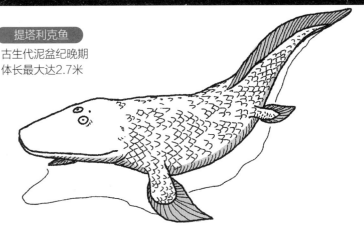

提塔利克鱼是现存的山椒鱼、蜥蜴和大象等四足动物的祖先。

肘部

提塔利克鱼虽然没有手指或脚趾，但其腕部和足部能灵活活动。

由鳍到脚

向陆地进军！

真掌鳍鱼

肉鳍鱼类生物中逐渐进化出了有脚的生物，它们离开水边来到了陆地。

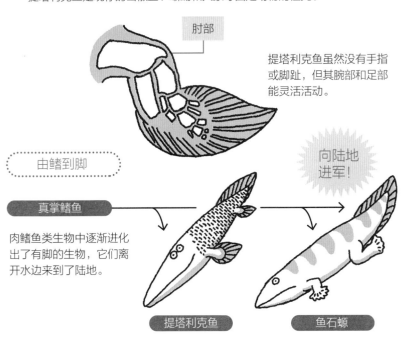

提塔利克鱼

鱼石螈

鱼石螈

首批上岸的四足动物代表

在古生代泥盆纪即将结束的时候，肉鳍鱼类生物终于能够离开水边，朝陆地进军。虽然学界对于究竟是哪种生物最先上岸各持己见，但是由肉鳍鱼类进化而来的鱼石螈却是公认的首批上岸的生物。

在格陵兰岛发现的鱼石螈化石为1 ~ 1.5米长，远远短于提塔利克鱼。自1929年首次发现化石至今，鱼石螈现已有超过100个标本。

鱼石螈最大的特征是，肋骨坚硬、四肢粗壮，以及有一口尖利的牙齿。

鱼石螈的肋骨粗壮膨大，这一构造不适合游泳，但却能支撑它们的身体。有人认为，这一构造应该是为了适应陆地上的重力，用来保护内脏的。**可以说鱼石螈已经具备了生活于陆地上的基本条件。**

但是，鱼石螈的长尾上仍有鳍，因此尚不明确其是否能够长时间地生活于陆地上，有可能在水里生活的时间更多。

此外，同时期的棘螈也是四足动物。也有学者认为棘螈才是最先上岸的由肉鳍鱼类进化而来的生物，但现有研究还无法完全证明这一观点。

牙齿尖利的鱼石螈

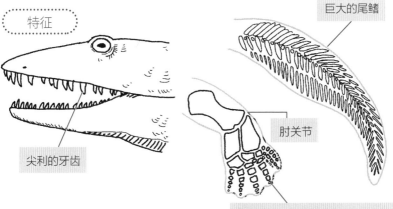

鱼石螈

古生代泥盆纪
两栖纲
体长约1.5米

肋骨发达，上岸后内脏也不会因重力影响而受损。

特征

尖利的牙齿

巨大的尾鳍

肘关节

后脚有7根脚趾（前脚尚未发现）

同时期的
"敌人"

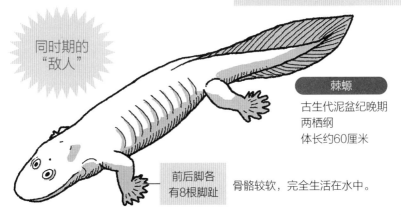

棘螈

古生代泥盆纪晚期
两栖纲
体长约60厘米

前后脚各
有8根脚趾

骨骼较软，完全生活在水中。

蒙大拿异翅鱼

虽不相像，却是腔棘鱼的近缘生物

腔棘鱼是"活化石"的代表性生物，在白垩纪也没有灭绝。1938年，渔民在南非的海边捕获到了腔棘鱼，由此科学家们发现腔棘鱼仍存于世。

现在，**在南非和印度尼西亚的深海中，生活着两种腔棘鱼目矛尾鱼**。但其数量仅有数百条，因此，《濒临绝种野生动植物国际贸易公约（俗称《华盛顿公约》）严令禁止此类生物的国际贸易。

现存腔棘鱼身体的基本结构与远古时期相比没有太大变化。

据观察，腔棘鱼有着厚厚的鳍，能够交替摆动而前后左右游动，甚至还能倒立游动，十分灵活。

腔棘鱼乍一看可能会像辐鳍鱼，但却与提塔利克鱼同为肉鳍鱼类生物。

古生代泥盆纪出现的早期腔棘鱼基本都体形较小，生活于淡水中或海洋浅滩。

蒙大拿异翅鱼（又称蒙大拿异鳍鱼）出现于石炭纪，是比较早期的腔棘鱼，体长约15厘米，身体较高却体形扁平。

现存腔棘鱼和蒙大拿异翅鱼外形有很大的不同，为其变种。因生活于海底，蒙大拿异翅鱼腹部的鳞片十分坚硬。

在中生代，腔棘鱼逐渐开始进化为不同的海洋生物，体形也逐渐变大。其中，体形最大的是拉氏莫森氏鱼，体长有3.8米。

相对原始的腔棘鱼——蒙大拿异翅鱼

蒙大拿异翅鱼

古生代石炭纪
肉鳍鱼亚纲
腔棘鱼目
体长约15厘米

身体较高，体形扁平，十分有"个性"。

各种各样的腔棘鱼

叉尾叛逆腔棘鱼

中生代三叠纪早期
体长约1.3米

布氏米瓜夏鱼

古生代泥盆纪晚期
体长约45厘米

矛尾鱼

现代
体长约180厘米

马氏福瑞鱼

中生代三叠纪中期
体长约20厘米

"活化石"的代表性生物，
主要生活于深海中。

巨脉蜻蜓

盘旋于石炭纪森林的巨型蜻蜓

古生代石炭纪因世界各地的煤炭大多都在该时期的地层中被发现而得名。

在石炭纪，以低纬度地区为中心，湿地旁都有巨大蕨类植物所形成的"森林"。这些蕨类植物在沼泽湖泊中逐渐积累，经过漫长的时间成为化石燃料——煤炭。

首先因森林面积不断扩大而受益的是昆虫。刚来到陆地的四足动物还没有翅膀，而昆虫却能翱翔于空中。在空中，它们没有天敌，因此得以大大繁荣。

现在的蜻蜓、蝗虫、盲蟒等许多有翅昆虫早在这个时期就已存在。

但是，现已灭绝的昆虫也不在少数，如巨脉蜻蜓。巨脉蜻蜓外表类似蜻蜓，但体形巨大，翼展达70厘米，**是已知体形最大的昆虫。**

已灭绝的巨脉蜻蜓为巨脉科，与现在的蜻蜓有所不同。有学者认为，其张开翅膀后能够像滑翔机一样翱翔于空中。

已灭绝的古网翅目昆虫体形也可媲美巨脉蜻蜓，翼展约55厘米。

古网翅目昆虫外表像蜻蜓，但出现于有两对翅膀的生物之前，它的近缘生物是仅有一对翅膀的生物。**在石炭纪，大气氧气浓度较高，有利于昆虫的飞翔。这可能是石炭纪巨大昆虫种类增加的原因之一。**

巨脉蜻蜓有这么大！

巨脉蜻蜓

古生代石炭纪
节肢动物门
昆虫纲
巨脉科
翼展达70厘米

以体形小于自己的昆虫
及两栖动物为食

巨脉蜻蜓在当时位于食物链顶端，近缘生物中
有翼展达10多厘米的生物。
后来，巨脉蜻蜓体形停止变大，这是因为大气
中氧气浓度下降，以及捕食同类生物的竞争对
手出现。

旋齿鲨

牙齿呈锯齿状排列，银鲛的近缘生物

旋齿鲨生活于古生代二叠纪的海洋中，是软骨鱼类，也是银鲛的近缘生物。**其化石在19世纪末期被发现，但当前尚未发现其真正完整的骨架，原因正是它奇妙的体形。**

现在发现的旋齿鲨化石都是呈三重、四重螺旋状的牙齿化石，这种牙齿的特征是其他生物所没有的。关于锯齿状的螺旋齿究竟长在旋齿鲨身体的哪个部位，有着各种各样的假说，却无定论。

鲛类和银鲛类生物的大多数骨头都是软骨，不容易变成化石，现在发现的基本都是它们坚硬而细密的牙齿的化石。对于这两类古生物的研究，大多都来源于这些已发现的牙齿化石。

直至首次发现旋齿鲨化石的100年后，也就是2013年，科学家们才终于取得了关于旋齿鲨完整骨架的研究进展。

科学家们用CT扫描覆盖在岩石上的旋齿鲨的牙齿化石后，**发现了上下颌骨软骨。因这一构造与银鲛相似，所以认为旋齿鲨是银鲛的近缘生物。**同时，科学家们也发现了旋齿鲨的上颌没有牙齿，而下颌前部有着锯齿一般的螺旋齿。

一般来说，鲛类生物的口腔内部如果长出新齿，那旧齿会被后方的新齿顶出，从而脱落。但旋齿鲨的旧齿却不脱落，而是呈螺旋状保留在下颌前部。

在水族馆的鲛类生物区的地面上，就能发现脱落的牙齿。

旋齿鲨，除牙齿外其余形象均为推测

旋齿鲨
古生代二叠纪
软骨鱼纲
全头亚纲
体长约3米

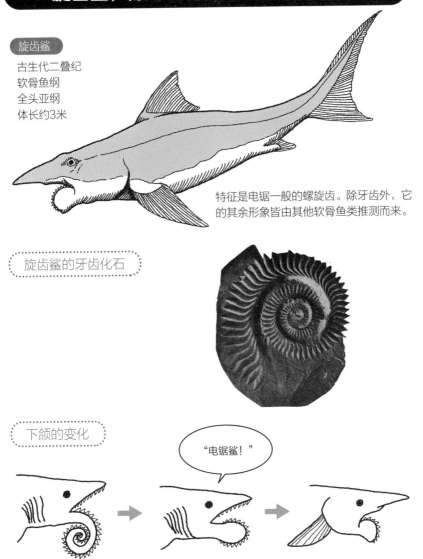

特征是电锯一般的螺旋齿。除牙齿外，它的其余形象皆由其他软骨鱼类推测而来。

旋齿鲨的牙齿化石

下颌的变化

"电锯鲨！"

20世纪初期至中期　　　20世纪后期至21世纪初期　　　2013年至2018年

中龙

见证了板块运动

古生代泥盆纪晚期，四足动物成功登陆。其中，胚胎期（从卵中出生前）有羊膜（包裹胎儿和羊水的膜）的生物现世，被称为羊膜动物，一般认为是在石炭纪晚期由两栖动物进化而来。

羊膜可以保护胚胎不受外部侵害，并提供充足的营养供胚胎发育。爬行动物（包含鸟类）和哺乳动物都是羊膜动物。

中龙出现于二叠纪早期。有人认为它是爬行动物，也有人认为它是爬行动物的近缘生物。**中龙的活动区域并不是陆地，而是水域。**中龙体长约1米，头、脖子、腹部和尾部细长，牙齿细密尖利，手脚呈鳍状，因此普遍认为它生活在湖泊或沼泽等淡水中。

现已发现的中龙化石中，有成年中龙腹中怀有胎儿的样本。**科学家们在研究中龙的过程中发现了一个关键点，即在南美洲的巴西、乌拉圭，非洲的纳米比亚、南非等相距很远的地方均发现有中龙化石。**

如果中龙是可以自由遨游于海中的海洋生物，那这一现象也不难理解。但中龙生活于湖泊或沼泽中，很难想象它们能够跨越大陆。

在20世纪初期，地质学家魏格纳提出了"大陆漂移说"。他认为，地球上的大陆曾为一体（泛大陆），之后才渐渐分裂。而中龙的存在成为这一学说的有力佐证。之后的板块构造学理论也证实了魏格纳的学说。

恐龙以前的爬行动物——中龙

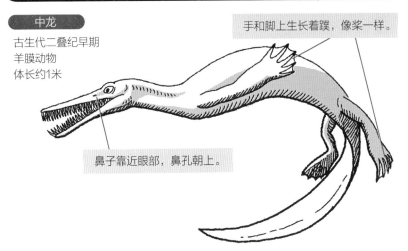

中龙

古生代二叠纪早期
羊膜动物
体长约1米

手和脚上生长着蹼，像桨一样。

鼻子靠近眼部，鼻孔朝上。

中龙的骨骼密度大，这是为了能在浅滩中不漂浮起来而进化形成的，其身体构造能适应水中生活，牙齿像针一般细小，以甲壳动物为食。

狼蜥兽

站在食物链顶端，古生代二叠纪晚期的陆地霸主

狼蜥兽是古生代二叠纪晚期著名的霸主，其体形庞大，体长约3.5米，仅是头部就长约60厘米。尽管拥有如此庞大的身躯，但它行动起来依然迅速敏捷。它尖利似剑的犬齿超过13厘米，能刺穿浑身长有厚重鳞甲的大型动物，使其成为盘中餐。当时，肉食性的丽齿兽科生物十分繁荣兴旺，狼蜥兽是其中体形最大的物种。

丽齿兽科生物可以将下颌张得特别大，捕食时能够用巨大的犬齿撕咬猎物。丽齿兽科从属于兽孔目，兽孔目是从合弓纲中进一步细分出来的，而合弓纲则是羊膜动物中的一纲。合弓纲生物颅骨中的颞颥部分有孔（颞窝），孔的下侧有一根弓形的骨头，因而得名。

合弓纲生物出现于石炭纪晚期，而其下的兽孔目生物则在二叠纪时诞生。兽孔目生物出现之后，与我们人类息息相关的哺乳动物的祖先也诞生了。当时，大陆还尚未分成几块，以狼蜥兽等兽孔目生物为代表的合弓纲生物成为广阔陆地的霸主。但在二叠纪晚期发生了史上规模最大的生物灭绝事件，这场浩劫几乎使所有的合弓纲生物退出了历史舞台。

2020年，日本一研究团队称，大规模的火山喷发是此次生物大灭绝的原因。古生代自此缓缓落下帷幕。

古生代二叠纪晚期的霸主——狼蜥兽

狼蜥兽

古生代二叠纪晚期
合弓纲
兽孔目
体长约3.5米

*可能有体毛。

狼蜥兽兼备锐利的长形犬齿与巨大的下颌，体形庞大但行动敏捷，是当时体形最大的捕食者，可能十分凶狠残暴。

羊膜动物谱系

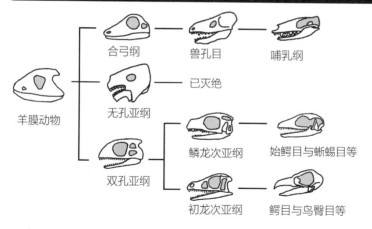

合弓纲、无孔亚纲、双孔亚纲生物的颅骨侧方具有不同数量的孔，这些孔被称为颞窝。通过颞窝的数量，可以对这些生物进行划分。

舌羊齿

成为"大陆漂移说"佐证的裸子植物

舌羊齿广泛分布在古生代二叠纪的南半球各地，与裸子植物具有亲缘关系。裸子植物是指种子部分（胚珠）裸露出来的种子植物。现澳大利亚、南极洲、非洲、南美洲和印度等地均发现有舌羊齿化石。这些地区位于早期的冈瓦纳古陆，即从古生代至中生代早期存在于南半球的古大陆。舌羊齿化石的分布成为魏格纳"大陆漂移说"的有力证据，因而受到了关注。

舌羊齿属的拉丁学名为 *Glossopteris*，其中"glosso"意为"像舌头一样"。其叶子呈舌头状，具有网眼状叶脉，因而得名。

石炭纪后的下一个地质时代为二叠纪。进入二叠纪后，全球气温下降且日益干旱，芦木和封印木等石炭纪特有的巨型羊齿植物迅速衰落，大多数走向了灭绝。

冰期结束后，舌羊齿的近亲广泛分布在当时气候较为湿润的南半球湿润地带，并且曾一度繁盛至极。然而，它们在二叠纪晚期的生物大灭绝中全部灭绝。

如今，种子植物中被子植物占绝大多数，其胚珠被子房包覆。舌羊齿的叶子表面有胚珠，当胚珠被叶子包裹时，舌羊齿看起来就像被子植物。

根据上述推测，有观点认为，通过舌羊齿近亲的不断进化，白垩纪早期，被子植物诞生。

在二叠纪大量繁殖的舌羊齿

舌羊齿

古生代二叠纪
裸子植物
舌羊齿目
树高 4~8米
叶片大小 30厘米以内

与其他羊齿植物不同，舌羊齿的树干占总体的一大半。它最高甚至可以达到8米，叶子上有雌雄同体的生殖器官。

鹿间贝

曾出土于日本，形状奇特的巨型双壳贝

日本岐阜县的金生山因陆续出土了大量化石而为人熟知，又被称为"日本古生物学发源地"。整个金生山几乎都是由古生代二叠纪的石灰岩构成的。

科学家们在此处的地层中发现了鹿间贝化石，但并不完整，只能看到在石灰岩内部的化石剖面，所以无法得知其原来的形状。

后来，随着马来西亚等地陆续出土此类化石，科学家们才终于得知鹿间贝是巨型双壳贝，属于古生代二叠纪的双壳纲。

鹿间贝的特点在于外壳很大，部分鹿间贝的外壳长超过1米，因而其被称为"史上最大的双壳贝"。其外壳平坦，形似略带弧度的翅膀。除此之外，鹿间贝的整体外形及生态等至今仍未可知。薄壳的承压能力较差，这是大部分鹿间贝化石的外壳七零八落，无法完整保存下来的原因之一。

鹿间贝得名于日本古生物学家鹿间时夫。他多年潜心研究，主要研究对象为日本各地所发现的古脊椎动物、软体动物等。为了纪念他在古生物学领域做出的巨大贡献，人们将此种贝类以其姓氏命名。

金生山是纺锤虫（有孔虫类原生生物）化石、各种贝类化石、三叶虫化石、海百合化石和珊瑚化石的发现地。在这里，经常能挖掘到鹿间贝化石。

在金生山上开采出来的石灰岩用途很广，不仅能够制成花瓶，还能用作墙壁、地面材料等。日本岐阜县大垣城的石墙也以石灰岩为原料，其中包含了鹿间贝化石等众多化石。

史上最大的双壳贝——鹿间贝

鹿间贝

古生代二叠纪
软体动物门
双壳纲
部分壳长超过1米

外壳在生长过程中逐渐微微翘起。

鹿间贝的生态

①硫化氢能源说　②光合作用生长说　③悬浮物食用说

海底　硫化氢　海底　海底　浮游生物等

学界关于鹿间贝的生态众说纷纭，至今尚无定论，主要有以下几种说法。
①鹿间贝体内的共生细菌将硫化氢转化为能源，以此生产有机物，释放养料。
②鹿间贝吸收阳光后，体内的共生藻类进行光合作用，让外壳得以生长。
③海洋中的浮游生物与死去的生物在被分解的过程中会生成有机物（悬浮物），鹿间贝以此为食。

歌津鱼龙

曾生活在日本近海，最古老的鱼龙之一

二叠纪是古生代最后一个纪，继古生代之后，地球进入中生代。二叠纪晚期，地球上发生了史上最大规模的生物大灭绝，而在存活下来的物种之中，纵横整个中生代的当数爬行动物。在中生代伊始的三叠纪，各种各样的爬行动物十分活跃，在海陆空都能见到它们的身影。

歌津鱼龙诞生于三叠纪早期的海洋之中，属于爬行动物，首次被发现于日本宫城县南三陆町（旧歌津町）的地层中，因而得名。虽然名字里有"龙"字，但歌津鱼龙与恐龙截然不同，它是在海中进化而来的生物。南三陆町内广泛分布着许多二叠纪至侏罗纪时期的地层。在这里，除了歌津鱼龙化石，人们还发现了其他两种鱼龙化石。

即使在鱼龙类生物中，歌津鱼龙也是最早出现的古老物种之一。与进化后的鱼龙不同，歌津鱼龙没有背鳍，身体两侧长着由足变化而来的鳍。

歌津鱼龙头部小、身体细长，前承在陆地行走的脊椎动物，后继新时代的鱼龙，是二者进化过程中的"中间体"。一般认为，其体长约2米，身体构造能够适应水中生活，在浅海底部像鳗鱼一样通过扭动身体来游动。

三叠纪后，鱼龙类生物成为中生代海洋中的一股重要力量。在适应水中生活的过程中，其外形逐渐与完全进化至其他物种的哺乳动物海豚相似。这种现象称为"趋同进化"。诞生于趋同进化初期的歌津鱼龙身上还留有骨盆的痕迹。

最古老的鱼龙——歌津鱼龙

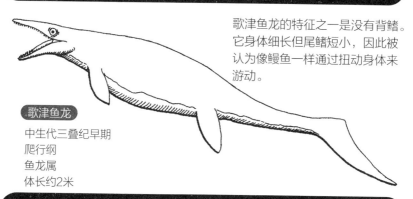

歌津鱼龙的特征之一是没有背鳍。它身体细长但尾鳍短小，因此被认为像鳗鱼一样通过扭动身体来游动。

歌津鱼龙

中生代三叠纪早期
爬行纲
鱼龙属
体长约2米

生物的趋同进化

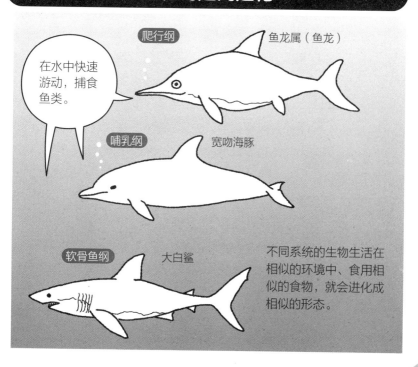

在水中快速游动，捕食鱼类。

爬行纲　　鱼龙属（鱼龙）

哺乳纲　　宽吻海豚

软骨鱼纲　　大白鲨

不同系统的生物生活在相似的环境中、食用相似的食物，就会进化成相似的形态。

楯齿龙、无齿龙

形似乌龟，但与乌龟没有亲缘关系的已灭绝物种

中生代三叠纪的海洋中，除了鱼龙还栖息着众多奇妙有趣的爬行动物（现均已灭绝）。诞生于三叠纪中期的楯齿龙便是其一。

楯齿龙是楯齿龙目的代表生物，其特征在于胖胖的躯体、像龅牙般突出的前齿以及平坦的臼齿。楯齿龙用前齿拔起海底的软体动物，再用盾牌般的臼齿咬碎咀嚼，因而得名。

在这奇妙的物种之中，发生了很大变化的是诞生于三叠纪晚期的无齿龙。无齿龙虽然与楯齿龙具有亲缘关系，但生有甲壳。其外形似乌龟，但并不是乌龟的近亲。其甲壳的形状也与乌龟的不同，背甲宽，呈方形，非常坚硬，可保护其免受外敌攻击。与背甲相似，其头部也呈方形，头部前端生有喙状嘴，但没有作为楯齿龙目生物特征的平坦臼齿。

在楯齿龙目生物中，无齿龙是唯一栖息在半咸水而非海洋环境中的物种，它的颌内无牙，仅有类似于现代龟类的角质喙。

顺带一提，乌龟的祖先——半甲齿龟也存在于三叠纪晚期。半甲齿龟只有腹侧甲壳，无背甲。

同时，最古老的哺乳动物——隐王兽也诞生了。隐王兽是一种非常小的哺乳动物，其名字的意思是"不起眼的王者"。

有甲壳的楯齿龙目生物——无齿龙

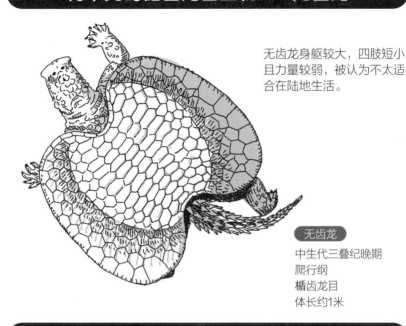

无齿龙身躯较大，四肢短小且力量较弱，被认为不太适合在陆地生活。

无齿龙

中生代三叠纪晚期
爬行纲
楯齿龙目
体长约1米

无齿龙与楯齿龙

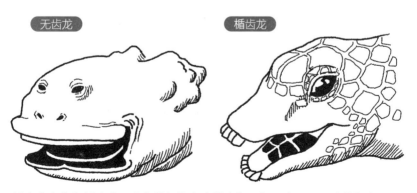

无齿龙

楯齿龙

楯齿龙有作为楯齿龙目生物特征的突出前齿与平坦臼齿。而无齿龙颌内无牙，因此可以认为其通过过滤海水来摄取食物。

始祖鸟

虽是原始鸟类，但并非现代鸟类的祖先

三叠纪晚期再次发生了生物大灭绝事件。此外，在这一时期，泛大陆开始分成几块，在之后的侏罗纪中期逐渐分裂成了北部的劳亚古陆与南部的冈瓦纳古陆。不仅如此，地球的气候也发生了很大的变化。与干旱的三叠纪截然不同，侏罗纪陆地的大部分区域属于高温湿润的热带气候。

中生代侏罗纪的大事之一是鸟类诞生，即始祖鸟诞生。始祖鸟的众多骨骼特征与恐龙相似，但与恐龙相比，其多个身体部位则具有鸟类的特征，如短翅膀等。

19世纪后半期，具有美丽双翼的始祖鸟化石被发现于德国侏罗纪晚期的地层之中。而不久前，达尔文刚刚发表了进化论。因而，这一化石被认为是进化论的重要佐证，证明了爬行动物向现代鸟类的进化。

始祖鸟确实还具有恐龙的特征，比如翼上长有钩爪，颌骨长有利齿，有尾骨，等等。之后的详细研究表明，长有肌肉对鸟类飞翔来说是必不可少的条件。然而，始祖鸟没有支撑这些肌肉的骨头（龙骨突），所以无法像现代鸟类一样翱翔于天际，它是一种只能在树木间滑翔的原始鸟。该研究否定了"始祖鸟是现代鸟类的祖先"这一观点。

因此，一般认为，始祖鸟虽然是原始鸟类，但并不是现代鸟类的直系祖先。我们所熟知的鸟类虽与始祖鸟有亲缘关系，但二者产生了不同方向的进化，因而属于不同物种。

原始鸟类始祖鸟的外形

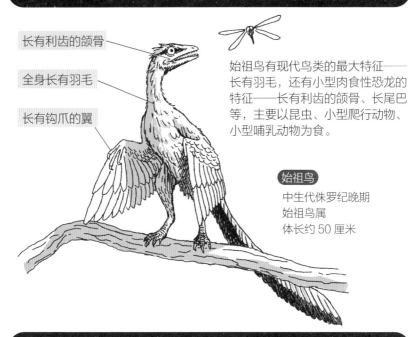

长有利齿的颌骨

全身长有羽毛

长有钩爪的翼

始祖鸟有现代鸟类的最大特征——长有羽毛，还有小型肉食性恐龙的特征——长有利齿的颌骨、长尾巴等，主要以昆虫、小型爬行动物、小型哺乳动物为食。

始祖鸟
中生代侏罗纪晚期
始祖鸟属
体长约 50 厘米

始祖鸟能飞吗？

多年来，对于兼有鸟类与恐龙特征的始祖鸟是否能飞这一问题，学界一直争论不休。

能飞派

- 翼与尾部的构造能提供足够的升力与推动力
- 负责维持平衡的半规管十分发达
- 前肢的构造支持短距离飞行

不能飞派

- 飞翔所需要的骨头并不发达
- 飞翔所需要的胸肌也不发达

始祖鸟虽具有飞向天空的可能性，但飞行能力似乎不及鸽子与乌鸦。

剑龙

从古至今都很受欢迎，侏罗纪最大的恐龙

恐龙可以说是中生代侏罗纪的代表性生物。三叠纪中期，在用四肢行走的陆生爬行动物之中，出现了能够用双足直立行走的物种。

有些爬行动物骨盆上的轻微凹陷变成窟窿，大腿骨深嵌其中，这使其移动方式发生了变化。发生了此类变化的爬行动物进化成为多种多样的恐龙，其中，有再次用四足行走的恐龙。

剑龙出现于侏罗纪晚期，是当时最大的恐龙（剑龙亚目）。剑龙属的拉丁学名为 *Stegosaurus*，意思是"有屋顶的蜥蜴"。发现剑龙化石之初，科学家们并不清楚其背部的骨板是如何生长出来的，误以为其是如屋瓦一般覆盖着整个背部，因而如此命名。

剑龙体长约7米，其最大的特征就是背部的骨板。骨板最长可达60厘米，交错排成两列，并且越长越大，与躯体的大小成正比，表面有毛细血管。

研究表明，剑龙背部受阳光照射或被风吹拂时，其体温能够得到调节。还有研究表明，这可以使血流量和骨板颜色发生改变。

此外，有观点认为，骨板呈空心状，没有任何力量，只是一种能够吸引异性的装饰品。

剑龙尾部有两对尖刺，部分成年剑龙长有非常坚硬的尖刺，甚至可以将其作为武器使用。另外，剑龙前足较短，无法快速奔跑。

恐龙特有的腰腿

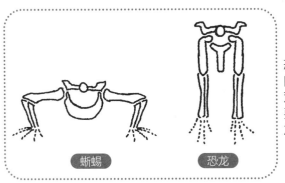

蚜蜴　　　　　　恐龙

恐龙与其他爬行动物不同的特征之一是直立的双足，其比蚜蜴的双足要长，这使恐龙可以更加快速地奔跑。

一直很受欢迎的恐龙——剑龙

背部交错排成两列的骨板除了能够保障剑龙自身的安全外，还能与草木融为一体、让敌人难以发现等作用。

骨板

喙状嘴，用于食用蕨类植物等

两对尖刺

喉部的鳞甲

阿根廷龙

陆生生物史上最大的恐龙

在中生代侏罗纪，泛大陆分成了劳亚古陆与冈瓦纳古陆两大部分。到了白垩纪，大陆进一步分裂并逐渐漂移，最终成为现在的样子。

恐龙是陆生爬行动物，在进化的过程中，逐渐适应了不同地区的环境，进化出了多种多样的物种。恐龙可以说是中生代的代表性生物，其魅力之一，就在于体形的大小。

白垩纪早期，出现在现南美洲阿根廷附近的阿根廷龙就是一个典型代表。其椎骨长达150厘米，股骨约有200厘米长。虽然尚未发现完整的骨骼化石，但根据以上信息可以推测出阿根廷龙全长35～45米，体重达数十吨。

随着新物种化石的出土与研究的进展，"史上最大的恐龙"这一称号也会不断易主。但目前为止，阿根廷龙是与这一称号最匹配的生物。阿根廷龙不仅是最大的恐龙，在曾栖息于陆地的所有生物中，其体形都是最大的。

阿根廷龙属于植食性恐龙，体形庞大，行走时会令地面震动，很轻易就会被肉食性恐龙发现。当然，大部分肉食性恐龙也不敢对如此巨大的生物下手。然而，阿根廷龙也曾被集体狩猎的南方巨兽龙和马普龙等同样拥有巨大体形的肉食性恐龙攻击过。

史上最大的恐龙——阿根廷龙

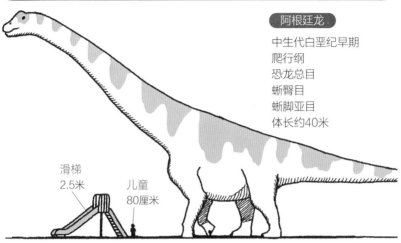

阿根廷龙

中生代白垩纪早期
爬行纲
恐龙总目
蜥臀目
蜥脚亚目
体长约40米

滑梯
2.5米

儿童
80厘米

阿根廷龙头部距地面约有7层楼之高，体重是大象的10多倍。还有一种名为"易碎双腔龙"的神秘恐龙，其体形可能与阿根廷龙相近，也有可能更胜一筹。

蜥脚亚目生物的体形

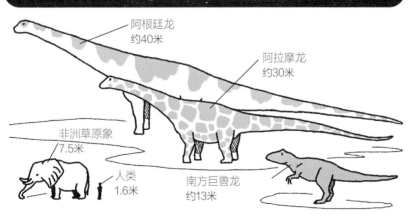

阿根廷龙
约40米

阿拉摩龙
约30米

非洲草原象
7.5米

人类
1.6米

南方巨兽龙
约13米

对于生物而言，较大的躯体可以保障自己的安全。一般认为，蜥脚亚目的生物为了保护自己免受其他肉食性恐龙的攻击，进化出了巨大的体形。

南翼龙

过滤进食的奇特翼龙

南翼龙属于翼手龙亚目，诞生于中生代白垩纪早期，曾翱翔于现南美洲附近的苍穹。翼龙是诞生于三叠纪的爬行动物。在侏罗纪之前，翼龙有可能比现代鸟类的祖先更加繁盛。

喙嘴龙是一种古老的翼龙，于侏罗纪晚期前曾繁盛一时。其头部小、尾巴长。但在侏罗纪中期，进化出了头部大、脖子长、尾巴短的翼手龙。进入白垩纪后，鸟类占主导地位。而与此同时，南翼龙诞生了。其特征在于狭长的头部与上翘的嘴角。与大部分翼龙截然不同的是，南翼龙的下颌上生有1000颗左右细针般的牙齿，十分尖利。

那南翼龙如何用这张嘴进食呢？目前，科学家们推测其进食方式为过滤进食，即将嘴巴伸入湖泊等中吸水，随后把牙齿当作过滤器，过滤出小型水生动物、浮游生物以食用。此种进食方式并不罕见，现在的火烈鸟也是如此进食的。火烈鸟因粉红色的外表为人所知，而这得益于其食物中的色素。因此有观点认为，南翼龙可能与火烈鸟一样拥有鲜艳的颜色。

科学家们猜测，在陆地上行走时，南翼龙可能是手脚并用的。

牙齿像刷子般的南翼龙

南翼龙

中生代白垩纪早期
爬行纲
翼龙目
翼手龙亚目
翼展最长为2.5米

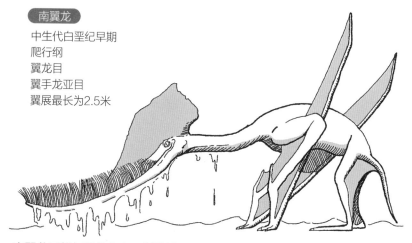

南翼龙可能与现代水鸟一样筑巢育儿。

南翼龙集体育儿说

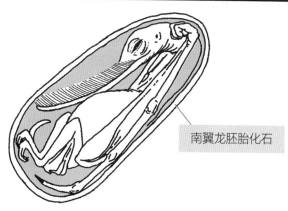

南翼龙胚胎化石

2004年，科学家们在阿根廷发现了大量的南翼龙化石群，包括从成体到幼体、蛋等多个阶段的化石。这被认为是南翼龙集体筑巢育儿的一大佐证。

剑射鱼

如外表般凶残的巨大骨舌鱼的近亲

剑射鱼属于硬骨鱼纲中的辐鳍鱼亚纲，生有坚硬的骨头，与现代的骨舌鱼具有亲缘关系。

欧洲、加拿大、美国、澳大利亚、阿根廷等地均出土过剑射鱼化石。剑射鱼生活在中生代白垩纪。白垩纪的海平面很高，比如连接北冰洋与加勒比海的细长浅海、西部内陆海路就曾将北美大陆分隔成东西两部分。据推测，剑射鱼曾与蛇颈龙等生物和鲨鱼的近亲共同栖息在相同海域。

现代的骨舌鱼是一种吞食小型鱼类的食肉鱼，然而其气势根本无法与剑射鱼相提并论。在大小上，剑射鱼最长可达5.5米，下颌上有犬齿般尖利的巨大牙齿，可以把嘴巴张得很大，看上去十分凶狠。因为具有发达的宽尾，所以剑射鱼能游得很快。它十分凶猛，捕食时在海面附近快速游动，用颚捕捉海鸟和鱼类。

有这么一块著名的剑射鱼化石：腹中有与剑射鱼具有亲缘关系的鳃腺鱼，而且没有被消化的痕迹。这恐怕是剑射鱼在吞食鳃腺鱼后，因为某种原因而死亡，就那样成了化石。

吞食猎物的剑射鱼

剑射鱼

中生代白垩纪
辐鳍鱼亚纲
骨舌鱼目
体长约5.5米

现存最大的骨舌鱼目生物是巨骨舌鱼。

下颌上有犬齿般的巨大牙齿，被认为与斗牛犬相似。

剑射鱼的骨骼化石

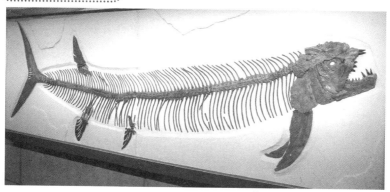

藏于西班牙巴塞罗那宇宙盒科技馆

日本叠瓦蛤

发现于日本的重要标志化石

日本叠瓦蛤是中生代白垩纪晚期的双壳纲生物，拉丁学名为 *Inoceramus hobetsensis*，其中"hobetse"在日文中写作穗别。1932年，与神威龙一样，日本叠瓦蛤最初被发现于日本北海道的穗别町（现在的鹉川町）的地层之中，由此而得名。

日本叠瓦蛤属于叠瓦蛤属。有观点认为，叠瓦蛤属广泛分布在中生代侏罗纪至白垩纪的海洋之中，其外壳具有一定厚度，形似珍珠贝，外壳的剖面带有珍珠般的光芒。

日本叠瓦蛤是日本产的叠瓦蛤中最大的（外壳直径约60厘米）。叠瓦蛤的希腊文意为"坚固的罐子"，其化石在世界各地的地层中都有发现，而且种类繁多，是否有沟及大小、形状、同心肋的生长方式等各不相同。依据这些特征，不同种的生活年代能够被精确划分。比如，日本叠瓦蛤生活在白垩纪晚期的土伦期（约9400万—约9000万年前）。此外，也能由此对其他叠瓦蛤属的生活年代做出判定。因此，其作为判定年代的标志化石具有十分重要的意义。

鹉川町立穗别博物馆以在日本发现的叠瓦蛤属化石为灵感，设计出了名为"Inocera-tan"的吉祥物，并不断开展化石与地层学的科普活动。

穗别町的日本叠瓦蛤

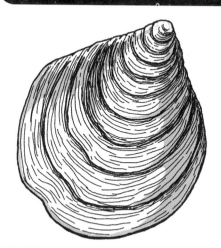

日本叠瓦蛤

中生代白垩纪晚期
软体动物门
双壳纲
外壳直径约60厘米

设计灵感来自叠瓦蛤的吉祥物
"Inocera-tan"。
共有15种各不相同的
"Inocera-tan"。

"Inocera-tan"插图来源：
鹉川町立穗别博物馆

外壳类似卵形，左右不对称，
同心肋的生长方式等因种而异。

窃蛋龙

背上小偷污名的育儿恐龙

窃蛋龙于白垩纪晚期栖息在现蒙古附近，是躯体肥胖、生有短的喙状嘴的小型恐龙，头部有鸡冠一样的圆形突起物。

窃蛋龙属的拉丁学名为*Oviraptor*，意为"偷蛋的贼"。在最初发现窃蛋龙化石的附近区域，科学家们发现了其巢穴的化石，里面有大量的蛋。此前科学家们认为，这一化石群中的蛋可能是窃蛋龙的食物，即窃蛋龙用嘴敲破蛋壳后进食，这就是其名字的由来。

但之后的研究显示，这是雌性窃蛋龙产卵后，雄性窃蛋龙坐在蛋上，用长有羽毛的前足将其覆盖住后进行孵化时所形成的化石。也就是说，"窃蛋"一说只是误解，窃蛋龙其实是一种积极养育下一代的恐龙。从这一生态来看，我们可以知道窃蛋龙与现代鸟类非常相近。

2017年，有报告称在中国发现了一种新的窃蛋龙化石，是孵化前的恐龙蛋。其直径为45～60厘米，是目前全球范围内已知最大的恐龙蛋。

顺带一提，根据骨盆结构等差异，可以将恐龙分为蜥臀目和鸟臀目两大类。蜥臀目还可以进一步分为两类，分别是包括肉食性恐龙在内的兽脚亚目和植食性的蜥脚亚目。

窃蛋龙属于兽脚亚目，现代鸟类的祖先也属于兽脚亚目。鸟臀目都是植食性恐龙。鸟臀目主要分为3类，分别是装甲亚目、鸟脚亚目、角足亚目。

但近年来，也有人对恐龙的分类方法提出了新的观点。

由雄性负责孵化的窃蛋龙

窃蛋龙

中生代白垩纪晚期
爬行纲
恐龙总目
蜥臀目
兽脚亚目
虚骨龙次亚目

大多数窃蛋龙的化石发现于东亚内陆地区的蒙古高原。

曾被误解为"偷蛋贼"

在窃蛋龙的冤屈被洗刷之前，复原图经常将其描绘成没有羽毛并夺走其他恐龙的蛋逃跑的样子。而现代的复原图已经做出了修正，从中可以看出研究的进展。

之前的复原图

87

双叶铃木龙

作为皮助的原型，蛇颈龙在最新的研究中备受关注

以双叶铃木龙之名而为人熟知的蛇颈龙目生物也许是日本最知名的古生物。

1968年，当时还是高中生的日本古生物学家铃木直在日本福岛县磐城市的双叶层群地层中发现了双叶铃木龙的化石，这使得整个日本都为之兴奋。因为这是日本首次发现恐龙、蛇颈龙等中生代大型脊椎动物的化石。

此外，在《哆啦A梦：大雄的恐龙》《哆啦A梦：大雄的恐龙2006》等作品中，蛇颈龙作为电影人物皮助的原型而进一步提升了知名度。实际上，蛇颈龙并不是恐龙，而是在侏罗纪的海里进化出的爬行动物。

双叶铃木龙属于蛇颈龙目薄板龙科，与蛇颈龙科生物具有亲缘关系，于白垩纪晚期栖息在日本近海区域。

薄板龙科生物的特征在于其颈部的长度。其颈部占身体的一半，颈椎（颈部骨头）的数量比其他所有生物都要多。因为具有这样的骨骼结构，对薄板龙科生物来说，比起像想象中的尼斯湖水怪那样向上抬起颈部，将颈部向下或水平移动更为容易。薄板龙科生物用4只鳍状足在海里游动的同时，还能用尖利的细长针状齿捕食墨鱼等小型软体动物。

蛇颈龙的化石里残留着贝类等软体动物与微生物的痕迹。近年来，这些痕迹逐渐得到了学界的关注。

使全日本为之兴奋的双叶铃木龙

双叶铃木龙

中生代白垩纪晚期
爬行纲
蛇颈龙目
蛇颈龙亚目
薄板龙科
体长6~9米

双叶铃木龙化石的首次发现地为日本。发现双叶铃木龙化石之后，20世纪80年代以来，科学家们在福岛县进行了大规模的发掘调查工作，陆续出土了多块恐龙化石。

出土的双叶铃木龙化石

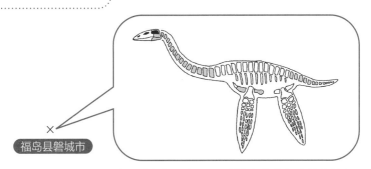

福岛县磐城市

除了头部与尾部，双叶铃木龙约七成的身体部位的化石被发现。其中的一块化石，由于鳍上有鲨鱼的牙痕，并且在周边发现了大量的鲨鱼牙齿化石，可以认为其曾被鲨鱼袭击或尸体被鲨鱼食用。

神威龙

在博物馆中被重新定义的日本恐龙

神威龙的拉丁学名为*Kamuysaurus japonicus*，是中生代白垩纪晚期栖息在日本北海道附近的植食性恐龙，属于鸟臀目鸟脚亚目，用四足行走。

2003年，神威龙的部分尾骨化石出土于日本，这是神威龙化石首次被发现。

但是，因为发现神威龙化石的地层在白垩纪是海洋，而且同一地层中还出土过菊石化石等，所以当时神威龙化石被认为是蛇颈龙化石。因此，科学家们没有进行详细调查，就将其保管在当地博物馆。

后来，日本古生物学者佐藤Tamaki[1]在调查中指出："（这）不是蛇颈龙化石，而是恐龙化石。"此观点改变了整个局面。

从2013年开始，以北海道大学综合博物馆恐龙研究领域的专家小林快次为代表的古生物学家们，正式启动化石挖掘调查工作。在此次工作中，发现了被认定为白垩纪晚期鸭嘴龙科的恐龙骨骼化石（完整度达到八成左右）。这是日本首次发现近乎完整的恐龙骨骼化石，具有重大历史意义。

神威龙的日文名为"**むかわ**竜"，意为"龙之神"，该化石因"神威龙"这一名称而一举成名。2019年，小林快次正式宣布神威龙为新物种，并将其命名为"*Kamuysaurus japonicus*"。至此，在日本发现并被正式命名的恐龙达到8种之多。

如果没有进行二次调查，那么神威龙的身份至今都不会被揭晓。理应生活在陆地的恐龙的化石在海洋地层中被发现，可能是因为其尸骸被河流或海浪冲到了海洋之中。

---

1 译者注：佐藤Tamaki，日文名佐藤**たまき**，日本古生物学者，日本蛇颈龙化石研究领域的开拓者，曾发表过关于双叶铃木龙的论著。

神威龙

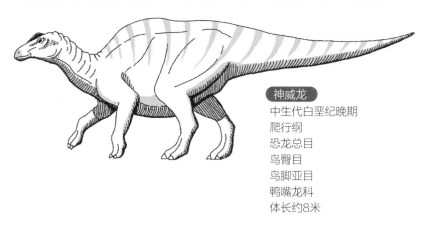

神威龙
中生代白垩纪晚期
爬行纲
恐龙总目
鸟臀目
鸟脚亚目
鸭嘴龙科
体长约8米

神威龙的拉丁学名为*Kamuysaurus japonicus*，意思是"日本龙之神"。
第二只神威龙全身骨骼的复原工作已经通过众筹完成。

出土的神威龙化石

神威龙被认定为新物种的原因在于其背部。背部的椎骨凸起并向前倾斜，这
是神威龙的特征。部分神威龙化石目前藏于日本鹉川町立穗别博物馆。

图片来源：鹉川町立穗别博物馆

异形菊石

这是真实存在的吗？在日本发现的奇妙化石

被许多人认识的古生物当然非菊石莫属。菊石是由古生代泥盆纪的鹦鹉螺近亲进化后进一步细分成的物种，其中较为有名的是外壳卷成平面螺旋状的菊石。

进入中生代后，出现了具有奇特外壳的物种，这就是异形菊石。

在异形菊石中，具有代表性的是诞生于中生代白垩纪晚期的日本菊石。日本菊石化石发现于日本北海道地区。

日本菊石呈"U"形立体状，形状怪异，仿佛随意捏制而成。但20世纪80年代，科学家们通过计算机模拟实验，发现其具有一定规则性。日本菊石化石是日本的代表化石，日本古生物学会以日本菊石为会徽。在日本，10月15日也被定为"化石日"。

Pravitoceras（属名）也是白垩纪晚期的一种异形菊石。其外壳像横向的塔一样平旋卷曲，最后朝反方向卷曲，总体呈"S"形。在不断生长的过程中，其卷曲方式也在不断变化。此前，仅在日本淡路岛、德岛县的鸣门周边发现过此类菊石的化石，最近在北海道也有所发现。

Polyptychoceras（属名）是一种外壳形似长号的异形菊石，卷曲程度十分低。其和日本菊石、Pravitoceras一样诞生于白垩纪晚期，化石多见于日本北海道地区。

异形菊石的世界

日本菊石

中生代白垩纪晚期
软体动物门
头足纲
菊石亚纲

因名字中含有"日本"
二字，所以日本菊石被
用作日本古生物学会的
会徽。

白垩纪的多种菊石

多褶菊石

弯曲菊石

念珠菊石

环刺菊石

梯状菊石

无论是哪一种菊石，其
都具有能够用算式计算
的规则形状。我们眼中
的所谓"异形"才是它
们的常态。

恐手龙

"恐怖的臂膀"的神秘面纱终于被揭开

恐手龙是一种恐龙,曾于中生代白垩纪晚期生活在现蒙古附近。

日本国立科学博物馆2019年举办的恐龙展首次公开了恐手龙的全貌(全身复原骨骼)。

恐手龙化石首次发现于1965年,但当时发现的仅是其有着利爪的手臂,手臂全长甚至达2.4米。"恐手龙"正如其名,生有"恐怖的臂膀"。当时科学家们都推测其为一种未知的、巨大的、凶猛的肉食性恐龙,曾一度引发讨论热潮。

进入21世纪后,该化石主人的神秘面纱终于被揭开了。2006年,科学家们发现了两只恐手龙的躯体化石,以此为依据,2014年终于有论文复原了恐手龙的全貌。恐手龙的样貌十分出人意料,虽然体长能达11米,但却是"鸵鸟型恐龙"——似鸟龙的近亲。

这类恐龙有扁平的嘴且身体表面有羽毛,基本都没有牙齿,一般都是集体筑巢、协作育儿。

似鸟龙类中有很多跑得快的物种,但恐手龙并非其中之一。此外,恐手龙看起来恐怖的臂膀也并非十分有力。

驼鸟型恐龙——恐手龙

恐手龙
中生代白垩纪晚期
爬行纲
恐龙总目
蜥臀目
兽脚亚目
似鸟龙科
体长约11米

毛茸茸

恐手龙有扁平的嘴和尖锐的爪。

2014年前的复原图

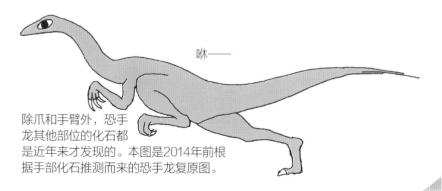

咻——

除爪和手臂外，恐手龙其他部位的化石都是近年来才发现的。本图是2014年前根据手部化石推测而来的恐手龙复原图。

暴龙

中生代末期的暴龙居然有羽毛？

暴龙出现于恐龙最繁荣的时期——白垩纪晚期的北美大陆西部，是用双足行走的肉食性恐龙。正如其名，暴龙体形巨大，体长约12米，体高约3米，体重约6吨，最长的牙齿可达18厘米，形似短剑，呈锯齿状。

有研究将暴龙的头部骨骼与现在的生物比较，推算出暴龙的咬合力约为57000牛顿。而现在咬合力最大的湾鳄，其咬合力仅为16000牛顿，更不必说咬合力只有3800牛顿的狮子。所以暴龙拥有与其名字匹配的惊人力量。

兽脚亚目中，暴龙属于虚骨龙科恐龙的近亲。虚骨龙科恐龙基本都有羽毛，有的甚至也分属于鸟类。那么，暴龙究竟有没有羽毛呢？

2004年，中国发现了几乎全身皆有羽毛覆盖的帝龙——出现于白垩纪早期的暴龙之一。从那时起，许多研究者都认为暴龙很有可能有羽毛。

但是，也有疑问称大型恐龙若全身长有羽毛则会体温过高，且2017年也有调查结果发现暴龙腰部至尾部是鳞片，所以暴龙究竟长有多少羽毛至今尚无定论。

2019年，加拿大发现了迄今为止已知最重的暴龙的化石，足有8.85吨。

暴龙毛发浓密?

暴龙

中生代白垩纪晚期
兽脚亚目
暴龙科
体高约3米

暴龙到底有没有羽毛呢？多年来，
不少恐龙爱好者对此一直感到困
惑。现在，各类书中有很多这样
的复原图。

羽毛

形似香蕉的巨大牙齿

关于暴龙是否长有羽
毛这一问题，只有未
来的研究能告诉我们
答案。

三角龙

出现于第5次大灭绝前的代表性角龙

三角龙和暴龙一样，都出现于中生代白垩纪晚期，是用四足行走的植食性恐龙。三角龙体长约8米，体重约9吨，在角龙中属于体形最大的种类。三角龙的特征是巨大的头盾和双眼上方的巨角，它的形象很受人们的喜爱。

角龙起源于亚洲原始角龙之一的古角龙。古角龙的后代中，有的去了北美洲并不断大型化，逐渐演变出了有着各种各样犄角的角龙。

三角龙的双眼上方有一对长角，鼻子上方有一只小角。这些角有什么作用呢？双眼上方的长角主要用于和敌人战斗，而鼻子上方的小角则是三角龙间相互触碰进行交流的工具。也有观点认为小角同样用于一决胜负。

迄今为止，部分三角龙的全身骨骼复原图是根据三角龙前肢肘部弯曲，呈"俯卧撑状"的姿态所制成的。但是，近年来，科学家们对三角龙关节连接处的化石进行研究，证明了此前对三角龙站姿的猜测是错误的。三角龙有可能以收紧前足、足背朝外的姿势站立，类似于体育课上"两手前平举"的样子。

三角龙是已知角龙中出现时间最晚的种类，在白垩纪晚期因巨大陨石撞击地球而灭绝。自此，受环境变化的影响，存续了1亿多年之久的恐龙时代迎来了终结。

有3只角的恐龙——三角龙

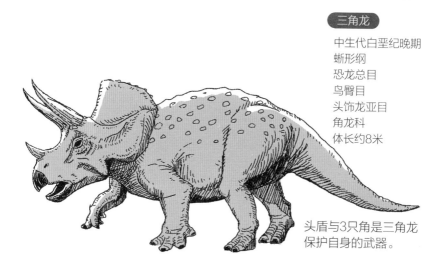

三角龙

中生代白垩纪晚期
蜥形纲
恐龙总目
鸟臀目
头饰龙亚目
角龙科
体长约8米

头盾与3只角是三角龙
保护自身的武器。

角龙的进化与多样性

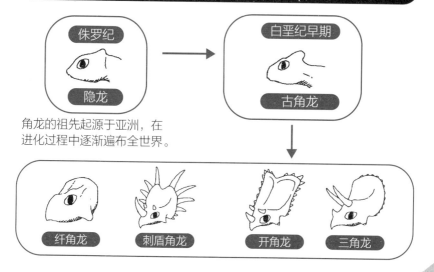

侏罗纪

隐龙

白垩纪早期

古角龙

角龙的祖先起源于亚洲，在
进化过程中逐渐遍布全世界。

纤角龙　　刺盾角龙　　开角龙　　三角龙

水杉

曾被以为已灭绝却仍存活于世的"活化石"

水杉在日本也被称为"曙杉",是杉科针叶植物,在日本很多地方的马路两旁都有种植,十分常见。也许不少读者会感到困惑:水杉为什么会出现在介绍古生物的书中呢?

水杉与红杉都是针叶植物,二者非常相似。1941年日本植物学家三木茂在研究中发现,水杉和红杉是相似却又不尽相同的两种植物,二者具有亲缘关系。

三木茂发表了论文《与红杉相似的新生代新近纪新物种》,文中介绍了已经灭绝,仅剩化石存在于世的新物种水杉。

但是,在1946年,中国发现了活水杉。这一消息震惊学界,水杉也因而被称为"活化石"。之后,保护珍稀植物水杉的一系列活动陆续开展。

早期的水杉化石出现在中生代白垩纪晚期至新生代第四纪更新世,它们跨越多个世纪,广泛分布于亚洲与北美洲等多地。

新生代全新世中期的日本属于现代意义上的热带地区,气候高温湿润,全国各地曾遍布水杉森林。但是,随着全球变冷,水杉也逐渐消失了。

水杉的特征是到了冬天,树枝会和树叶一同掉落,这在针叶植物中是非常罕见的。

顺带一提,水杉属的拉丁学名为 *Metasequoia*,比北美红杉属的拉丁学名 *Sequoia* 多了"meta"(变化),表明水杉和红杉是两个不同的物种。

水杉——被认为已灭绝却并未灭绝的植物

> **水杉**
>
> 中生代白垩纪至今
> 裸子植物门
> 杉科
> 高约30米

上图为水杉的树干、球果（类似松果）、落叶。水杉的特征是呈三角状的树形。

> **水杉化石**

拉丁学名：*Metasequoia occidentalis*
发现地：日本京都府宫津市
地质时代：新生代新近纪中新世早期

球果　1　2　叶子

图片来源：中岛礼

上图为水杉的叶子与球果的化石，与现存水杉的叶子与球果十分相似。这也是其"活化石"称呼的来源。

冠恐鸟

近似陆行鸟，体形巨大，无法飞翔

中生代晚期，突如其来的巨型陨石撞击尤卡坦半岛，使地球环境发生了翻天覆地的变化，有约70%的生物由此灭绝。但是，恐龙中由兽脚亚目（有羽毛恐龙的近亲）进化而来的鸟类却存活下来，由中生代繁衍至新生代。

冠恐鸟在新生代早期生活于现欧洲与北美洲一带，是无法飞翔的陆地步行鸟类。冠恐鸟体长约2米，体重可达200千克以上，有巨大的头部与喙。游戏《最终幻想》中的陆行鸟的样貌与冠恐鸟十分相似。由于冠恐鸟的翅膀退化，所以无法飞翔，但足部力量反而因此增强了，所以它可以在陆地上快速奔跑。

此前，冠恐鸟因为头部巨大，有钩形的喙和强有力的双足而被认为是肉食性动物。但是近年来，科学家们对其骨头成分进行分析后发现，冠恐鸟可能是以果实或植物为食的植食性动物。

在北美洲曾生活着一种"不飞鸟"，被认为是冠恐鸟的近亲。但是最近的研究发现，二者可能是同一种生物，所以现在"不飞鸟"的学名已经被废弃，统一为冠恐鸟。

新生代的第一个地质时代为古近纪，距今约6600万—约2300万年。古近纪又细分为古新世、始新世和渐新世。冠恐鸟出现于古近纪古新世，灭绝于始新世。

不会飞的鸟——冠恐鸟

冠恐鸟

新生代古近纪古新世
鸟纲
冠恐鸟属
体长约2米

冠恐鸟的喙长约40厘米，它摆动喙时可对敌人造成巨大的伤害。

存活于世的近亲

从广义上来看，现在的鸡鸭类都属于冠恐鸟的近亲。但是，人类并不能以冠恐鸟为食，因为在人类出现之前冠恐鸟早已灭绝。

龙王鲸

被误认为是海洋爬行动物的古鲸

进入古近纪始新世后，哺乳动物种类增加，逐渐呈现出多样化趋势。始祖马等原始马和巴基斯坦古鲸等早期鲸也随之出现，但这类原始哺乳动物都与现代生物相去甚远。始祖马的个头仅相当于现在的小型犬，而巴基斯坦古鲸是生有四足的步行动物，傍水而居。在始新世晚期，才诞生了完全栖息于水中的、体长约20米的肉食性鲸，也就是龙王鲸。

龙王鲸的前足已经进化为适应水中生活的鳍，头部巨大，身似圆长蛇形，后足有3根脚趾，这是其特征。

与巨大的身体相比，龙王鲸的后足非常短小，对游泳几乎没有任何帮助。此外，现代鲸为了方便浮出水面呼吸，鼻孔（喷气孔）生在头部上方，但龙王鲸的鼻孔却在脑袋前方。这一变化可以说证明了鲸类由陆地转向海洋的进化过程。

科学家们曾在龙王鲸的胃里发现了矛齿鲸这类小型古鲸，可以推测龙王鲸是当时海洋中的霸主。从发现龙王鲸化石的场所可以推测龙王鲸曾生活在浅海之中。

在化石首次被发现时，龙王鲸曾被误认为是巨大的海洋爬行动物，被命名为帝王蜥蜴。

但是，因为牙齿形状等方面的新发现，龙王鲸终于被认定为哺乳动物，从属于鲸偶蹄目（古鲸亚目）。虽然其同类已经灭绝，但之后出现的齿鲸和须鲸仍存活于世。

身体很长的龙王鲸

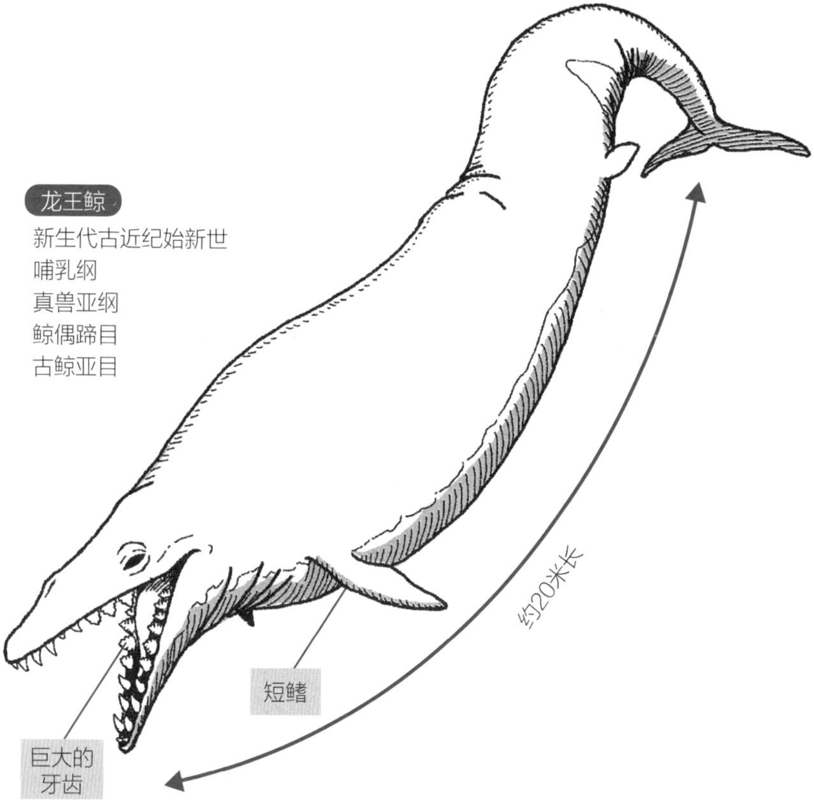

龙王鲸
新生代古近纪始新世
哺乳纲
真兽亚纲
鲸偶蹄目
古鲸亚目

约20米长

短鳍

巨大的
牙齿

从龙王鲸到须鲸

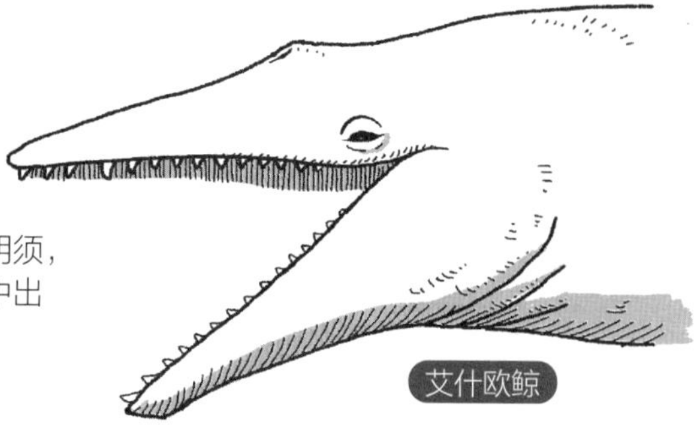

艾什欧鲸同时拥有牙齿和胡须，
是齿鲸进化到须鲸的过程中出
现的物种。

艾什欧鲸

巨犀

史上最大的陆生哺乳动物——无角犀类

进入新生代后，从白垩纪生物大灭绝中存活下来的哺乳动物进化出了许多新物种，其中就有史上最大的陆生哺乳动物，即出现于古近纪渐新世的巨犀。

巨犀体长约8米，肩高约4.5米，脖子很长，抬起头后甚至比长颈鹿还高，能达近7米。科学家们推测，巨犀以高处的枝叶为食，体重为6～20吨。

新生代气温较高，热带丛林遍布全球，哺乳动物也开始繁衍至各地。进入渐新世后，气温开始下降，气候变得干旱，热带丛林也变为了阔叶林，巨犀正是以巨大的树木的枝叶为食。

巨犀属于巨犀科，而巨犀并不被认为是现代犀科动物的祖先。蹄齿犀被认为是现代犀科动物的祖先，出现于古近纪始新世。

现代犀科动物都有角，而巨犀没有。巨犀的特征在于四足细长、奔跑速度很快。因此，巨犀也与同属奇蹄目的马类动物有些相似。实际上，蹄齿犀科生物也被称为"奔跑的犀牛"。蹄齿犀虽已灭绝，但与其存在亲缘关系的现代犀科动物仍存活至今。

体形巨大且奔跑迅速的巨犀

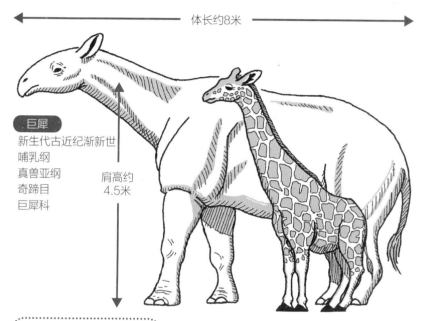

体长约8米

巨犀
新生代古近纪渐新世
哺乳纲
真兽亚纲
奇蹄目
巨犀科

肩高约
4.5米

太高了，所以怕热

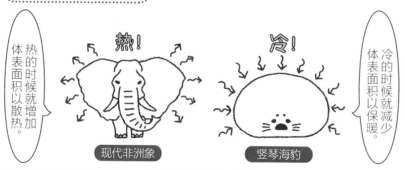

热的时候就增加体表面积以散热。

热！

现代非洲象

冷！

竖琴海豹

冷的时候就减少体表面积以保暖。

动物体形越大越难以散热，因而体温就更容易升高。现代非洲象可以通过巨大的耳朵增加体表面积来散热，竖琴海豹在寒冷的海洋中为了保持体温会减少体表面积。那巨犀又是通过什么来散热的呢？

北美米拉鼠

头有双角，生活于洞穴中的鼠类

新生代古近纪古新世、始新世结束后，地球进入渐新世。渐新世的英文为Oligocene，源自两个希腊文，意思是"少"和"新"。从渐新世存活至今的生物并不多，而它们的祖先，那些奇妙的生物在当时却十分繁盛。

北美米拉鼠属于米拉鼠科。米拉鼠科生物出现于古近纪渐新世，而北美米拉鼠却于新近纪中新世才出现。

北美米拉鼠体长约40厘米，与老鼠同为啮齿目生物，二者有亲缘关系。其前足扁平，从骨骼形状可以看出适于挖掘的特点。北美米拉鼠用强有力的前足挖掘洞穴，但因为体形较大，所以挖洞十分费时费力。因此，科学家们推测，北美米拉鼠可能并非一直居住在地下。

北美米拉鼠是植食性动物，但鼻子上方生有两只犄角，其作用尚未明确。

北美米拉鼠与其同类是在已发现化石的啮齿目生物中唯一拥有角的。虽然角对挖掘洞穴和在地下生活反而是不利的，但是可以有效地对付天敌，保护自己。

此外，也有观点认为北美米拉鼠只有雄性才有角，而雌性没有角。但是，现在在同一地层中发现的有角和无角的北美米拉鼠仅各有一只，所以普遍还是认为北美米拉鼠不论雄雌都长有双角。

北美米拉鼠喜欢栖息于森林地区。森林面积减少、平原地区扩大、草原犬鼠等竞争对手的出现，可能均是其灭绝的原因。

穴居生物北美米拉鼠

犄角

强壮的体格

北美米拉鼠

新生代新近纪中新世
哺乳纲
啮齿目
体长约40厘米

长爪

进入挖好的洞穴后，可用角来防御敌人！

桑氏伪齿鸟

翼展约7米，是史上最大的鸟

桑氏伪齿鸟属于海鸟，出现于新生代古近纪渐新世的北美洲。在地球上能够飞翔的鸟类中，桑氏伪齿鸟的翼展是有史以来最大的，它因而被誉为"史上最大的鸟"。

目前为止，科学家们仅找到了桑氏伪齿鸟某些部位的化石，但由近似生物的化石数据可以推测出桑氏伪齿鸟的翼展最大可达7.4米，相当于海鸥的6倍、短尾信天翁的2～3倍。它可在海洋上空长时间滑翔，那巨大的身影可谓震慑力十足！

一般的鸟类口部为喙，几乎没有牙齿，但桑氏伪齿鸟的颌骨上下都有锯齿形的类似牙齿的结构。这是桑氏伪齿鸟与其近亲骨齿鸟的共同点。

阿根廷鸟拥有可与桑氏伪齿鸟匹敌的巨大双翼。阿根廷鸟生活于新近纪中新世的南美洲，属于猛禽，与秃鹫有亲缘关系。

阿根廷鸟的翼展接近7米。据推测，其飞翔时的时速甚至可达70千米。"史上最大的鸟"这一头衔被授予了桑氏伪齿鸟，但"史上最大的猛禽"这一名号却非阿根廷鸟莫属。

不论是桑氏伪齿鸟还是阿根廷鸟，都因为翅膀过于巨大而无法依靠扇动翅膀原地起飞。有观点表示，这类鸟可能只能等到海边刮起强风，才能贴着海面顺风飞翔。

有"牙齿"的鸟——桑氏伪齿鸟

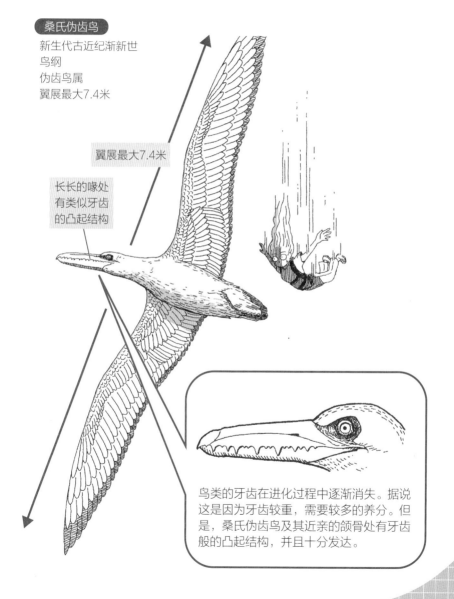

桑氏伪齿鸟

新生代古近纪渐新世
鸟纲
伪齿鸟属
翼展最大7.4米

翼展最大7.4米

长长的喙处
有类似牙齿
的凸起结构

鸟类的牙齿在进化过程中逐渐消失。据说这是因为牙齿较重，需要较多的养分。但是，桑氏伪齿鸟及其近亲的颌骨处有牙齿般的凸起结构，并且十分发达。

巨齿鲨

纵横新生代海洋的巨型鲨鱼

在电影《巨齿鲨》中，巨齿鲨生活在深海，是一种按理来说早已灭绝的古代巨型鲨鱼，十分凶猛。巨齿鲨大约存在于新近纪中新世至上新世早期，生活在热带与温带的海洋之中。日本各地曾发现过巨齿鲨的牙齿化石，如今我们能在博物馆等地见到它们。

以前，巨齿鲨多被视作大白鲨（又称噬人鲨）的祖先。然而，近来的研究发现，二者虽然同属于鼠鲨目，但是不同的两种生物。

巨齿鲨的特征在于巨大的体形，它享有"有史以来最大的肉食性鲨鱼"的称号。科学家们曾根据出土的巨齿鲨牙齿化石推断，其体长可能超过20米，甚至达到40米。

然而，最新的研究显示，最大的巨齿鲨也仅长15米左右。即使如此，其体长也约是大白鲨的3倍，可见巨齿鲨是实力不容小觑的掠食者。

巨齿鲨的颌骨处长了一排呈三角状的牙齿，牙齿边缘呈锯齿形。其中，较大的牙齿约有人的手掌大小。巨齿鲨就是靠这些尖利的巨牙捕食小型鲸的。在日本出土的须鲸类化石当中，有一块下颌骨上留有鲨鱼撕咬的痕迹，被认为是巨齿鲨所造成的。由此我们可以看出双方交战的激烈程度。

至于巨齿鲨灭绝的原因，科学界尚无定论。海水温度下降所导致的气候异常和由此造成的猎物减少，生态区域的断层，以及大白鲨、虎鲸等竞争对手的繁荣等都被认为是巨齿鲨灭绝的原因。

古代巨型凶猛鲨鱼——巨齿鲨

巨齿鲨

新生代新近纪中新世至上新世
软骨鱼纲
鼠鲨目
体长约10米，最长可达到15米左右

相关研究表明，巨齿鲨的背鳍相当于
一个成年人的身高。它的咬合力超强。

光是背鳍就已经与成年人差不多高

电影《大白鲨》中的渔船"虎鲸号"，在巨齿鲨
面前完全不堪一击。

80厘米

160厘米

大白鲨　　　　人　　　　巨齿鲨

索齿兽

日本也有的神秘的古代海洋奇兽

继新生代古近纪之后，地球进入新近纪，距今约2300万—258万年。

新近纪可分为前后两个部分，前半期被称为中新世，后半期被称为上新世。

新近纪以来，地球气候逐渐变得寒冷干燥，地表草原面积逐渐扩大。中新世晚期，人类的先祖——猿人首次登场。

索齿兽是一种奇兽，生活于新近纪中新世的日本群岛，其学名有"远古不可思议"之意。在有关索齿兽的新发现之中，经常能见到日本学者的身影。也许部分读者朋友已经在博物馆目睹过索齿兽的"真容"了。

科学家们推测，索齿兽属于现已灭绝的索齿兽目，外形似河马。在很长的一段时间内，我们无法得知其具体的生态。随着有关索齿兽骨形、骨密度以及化石中的沉积物等的研究的进展，我们可以得知其曾经栖息于水中。

这是因为在曾经生活于非洲的动物之中，陆生长鼻目象科动物的祖先，儒艮、海牛等海牛目动物的祖先，以及两栖纲索齿兽目动物在进化的过程中逐渐扩大栖息范围，呈现出多样性。可以说这些物种都存在亲缘关系。

索齿兽最大的特征在于牙齿

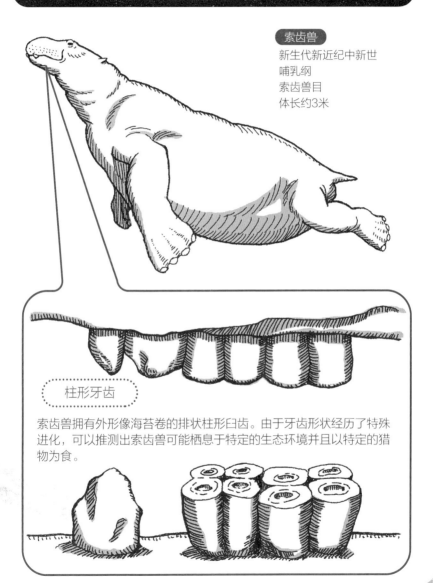

索齿兽
新生代新近纪中新世
哺乳纲
索齿兽目
体长约3米

柱形牙齿

索齿兽拥有外形像海苔卷的排状柱形臼齿。由于牙齿形状经历了特殊进化，可以推测出索齿兽可能栖息于特定的生态环境并且以特定的猎物为食。

袋剑齿虎

颌骨与众不同的有袋版剑齿虎

袋剑齿虎生活于新生代新近纪中新世的南美洲阿根廷周边地区，其特征在于与众不同的颌骨。

袋剑齿虎的上颌处长有形似兽爪的近三角形獠牙，下颌骨向下突出，长度与獠牙相近。下颌骨的整体构造刚好能够收纳獠牙，仿佛一个剑鞘。

除了与众不同的颌骨外，从外形上看，袋剑齿虎与剑齿虎十分相似，并无太大区别。剑齿虎是上颌处长有剑状犬齿的猫科动物的总称，看起来像长有长长的剑齿的老虎。

实际上，袋剑齿虎与树袋熊、袋鼠一样是有袋动物，也是在母亲的育儿袋中哺育幼崽。

袋剑齿虎没有前齿，可能无法像一般猫科动物那样用前齿紧紧地咬住猎物。此外，由于獠牙无法停止生长，所以其需要下颌骨那样的构造阻止其过度生长。这样的收敛进化物种除了袋剑齿虎外，在现存的哺乳纲有胎盘（真兽亚纲）及有袋目动物中也很常见，比如飞鼠与蜜袋鼯、鼹鼠与袋鼹、食蚁兽与袋食蚁兽等。

可以说，即使进化过程天差地别，只要环境及环境所起的作用相似，生物最终也会进化出相似的外形特征。

齿似利剑的袋剑齿虎

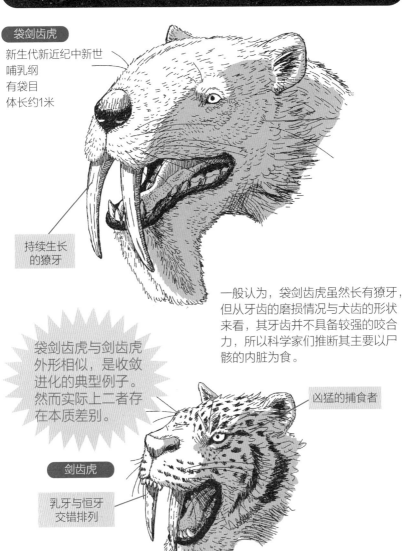

袋剑齿虎

新生代新近纪中新世
哺乳纲
有袋目
体长约1米

持续生长
的獠牙

一般认为，袋剑齿虎虽然长有獠牙，但从牙齿的磨损情况与犬齿的形状来看，其牙齿并不具备较强的咬合力，所以科学家们推断其主要以尸骸的内脏为食。

袋剑齿虎与剑齿虎外形相似，是收敛进化的典型例子。然而实际上二者存在本质差别。

凶猛的捕食者

剑齿虎

乳牙与恒牙
交错排列

大地懒、海懒兽

以水生植物等为食，畅游水中的野兽

哺乳动物最早诞生于泛大陆时代，当时，地球上的所有陆地全部连在一起。

到了新生代后，大陆进一步分裂，不同的陆地上进化出了许多独有的物种。其中最具代表性的物种之一，就是南美洲独有的真兽亚纲贫齿总目生物。现在为人熟知的树懒、食蚁兽、犰狳等地域独有物种就属于贫齿总目。

现存的大多数树懒都生活在树上，但新生代出现的树懒亚目生物（现已灭绝）大都生活在地面上，巨型树懒的近亲——大地懒便是其中之一。其四肢上长有钩形巨爪，体长最长约6米，体重可达6吨。有专家指出，大地懒生有长尾，存在用双足直立行走的可能性，在外形上与现代的树懒大相径庭。

另外，还有水栖树懒——海懒兽。海懒兽诞生于新生代新近纪中新世，栖息于沿岸地区，以海藻、海草等水生植物为食。其与大地懒一样生有利于游泳的长尾，这是已灭绝的大地懒科生物的共同特征。有观点认为，海懒兽灭绝的原因是巴拿马地峡的形成。巴拿马地峡形成后，附近的海洋环境发生了变化，导致海懒兽灭绝。

水栖树懒——海懒兽

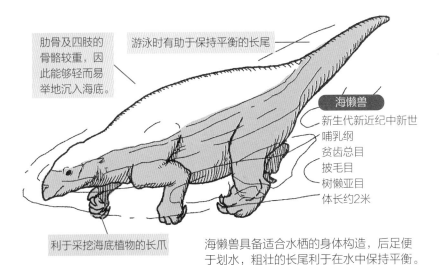

肋骨及四肢的骨骼较重，因此能够轻而易举地沉入海底。

游泳时有助于保持平衡的长尾

海懒兽
新生代新近纪中新世
哺乳纲
贫齿总目
披毛目
树懒亚目
体长约2米

利于采挖海底植物的长爪

海懒兽具备适合水栖的身体构造，后足便于划水，粗壮的长尾利于在水中保持平衡。

最大的树懒亚目生物——大地懒

大地懒最长约为6米，依靠两条后肢与强壮的尾巴就能做出站立的姿势，采食高处的树叶，与现代树懒一样具有长爪。

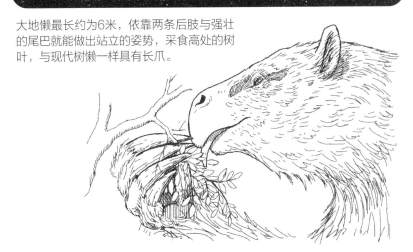

大角鹿

曾出现于古代壁画之中，现已灭绝

位于法国西南部的拉斯科洞穴中，有许多约2万年前的古人所创作的珍贵壁画，其中就有长有惊人巨角的鹿的形象。科学家们推测，这种鹿就是新生代新近纪上新世出现，并于第四纪更新世繁荣兴旺的大角鹿属的大角鹿，拉丁学名为 *Megaloceros*（属名），意思是"巨大的枝状犄角"（鹿科动物生有的、形似树杈的犄角），其曾经生活在亚欧大陆的西北部。由于大角鹿化石大多出土于爱尔兰岛，因而大角鹿在欧洲又被称为爱尔兰麋鹿。

大角鹿是已知体形最大的鹿，体长约3米，肩高约2米，体重接近700千克。大角鹿令人印象深刻的是头上那巨大的枝状犄角。科学家们曾经发现过双角有3米多宽的大角鹿。跟现代的麋鹿一样，雄性大角鹿通过犄角交战争夺交配权。

可惜的是，大角鹿早在约8000年前就已灭绝。而留存下来的壁画揭示了在过去的某个时期，大角鹿曾与人类共存过。不过，大角鹿的同类黇鹿仍然存活至今。黇鹿虽然体形不大，但头顶的角与大角鹿的相似，都是朝后延伸、形似树杈。大角鹿出现于新近纪上新世，当时全球气候愈发寒冷，不仅是南极大陆，就连北半球冰床的面积也开始扩大。

史上最大的鹿——大角鹿

双角合重约45千克

大角鹿的双角合重约45千克，其头部及背部有十分发达的肌肉，以支撑沉重的角。

肩高约2米

身高约1.6米

大角鹿

新生代新近纪上新世
哺乳纲
真兽亚纲
偶蹄目
反刍亚目
鹿科
双角宽度最大可达3.6米左右

拉斯科洞穴的壁画

虾夷扇贝

曾经是东京都的常见化石

日本群岛原与亚欧大陆是一个整体，新生代新近纪中新世中期左右分离出来，形成了如今日本海与日本群岛的雏形。日本群岛在海洋时代与陆地时代中循环往复，附近海域栖息着许多软体动物。而这一切的见证者就是虾夷扇贝。

虾夷扇贝的拉丁学名为 *Mizuhopecten yessoensis*，属于扇贝属贝类，于新生代新近纪中新世至第四纪更新世栖息在日本近海区域。

虾夷扇贝化石在日本十分受欢迎，关东地区、九州至北海道等区域都曾发现过此类化石。由于在东京都出土过许多，所以虾夷扇贝又有"东京扇贝"之称。

虾夷扇贝外形与扇贝相似，但壳面放射肋的条数相对扇贝较少，这便是二者的区别所在。2016年，日本地质学会认定虾夷扇贝化石为"东京都化石"。

Fortipecten takahashi 与虾夷扇贝同属于扇贝科，现已灭绝。其化石也曾于日本多次出土，与日本颇有渊源。*Fortipecten takahashi* 曾经于新近纪中新世至上新世生活在日本东北地区至北海道、俄罗斯堪察加半岛附近。

Fortipecten takahashi 与现代扇贝的区别主要在于两点：第一点是该扇贝有像碗一样鼓起来的右壳；第二点就是重量（"质量"的俗称），该扇贝成年后双壳合重超过1千克的情况也并不罕见。因为双壳较重，该扇贝仅在幼年时能够游泳，进入成年期之后就沉入海底了。

"东京扇贝" ——虾夷扇贝

虾夷扇贝

软体动物门
双壳纲
壳高约17厘米

泳姿

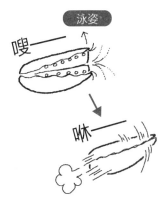

虾夷扇贝通过双壳的开合能够游得很快。

南美细齿巨熊

史上体形最大的熊，也可能是史上最大的陆生哺乳类肉食性动物

南美细齿巨熊被认为是史上体形最大的熊，曾于新生代新近纪后生活在南美洲。新近纪后为第四纪，距今约258万年。第四纪前半部分被称为更新世，距今约258万—约1万年。

泛大陆分成几块之后，南美洲成为一个大型岛屿。在距今约300万年的上新世中期，南、北美洲相连，巴拿马地峡由此诞生。陆地相连后，南、北美洲的生物能够自由往来，本属于同种的生物在南、北美洲上分别产生了不同的进化，这种现象被称为"南、北美洲生物大迁徙"。南美细齿巨熊曾栖息在南美洲，现已灭绝，其特点为吻部较短，因此又被称为南美窄齿短面熊。其体形巨大，远远大于其北美洲的亲戚。

迄今为止，于新生代古近纪始新世栖息在蒙古周边地区的蒙古安氏中兽被称为"史上最大的陆生哺乳类肉食性动物"。虽然暂未发现其完整骨架，但从巨大的头骨可以推断出其体长接近4米，体重约400千克。

此前的主流研究从头骨与牙齿的形状出发，认定蒙古安氏中兽属于中爪兽目，但最近有研究否定了这一观点。

南美细齿巨熊也属于肉食性动物，生有尖利的牙齿和能够使猎物粉身碎骨的坚硬臼齿。因奔跑速度快于现代熊科动物，专家认为其很有可能是强大的肉食性捕食者，今后也许有望取代蒙古安氏中兽，登上"史上最大的陆生哺乳类肉食性动物"的宝座。

史上体形最大的熊，也可能是史上最大的陆生哺乳类肉食性动物

南美细齿巨熊

新生代第四纪更新世
哺乳纲
真兽亚纲
食肉目
熊科

4米

1.6米

新生代的两大巨型陆生肉食性动物

专家认为，南美细齿巨熊或许能够双足站立。

另一大巨兽——蒙古安氏中兽

蒙古安氏中兽曾生活在古近纪中期的亚欧大陆，体长3.8米（推测值）。至今只发现过其头骨化石，身体的其余部分均为推测。

125

象科动物的同类

诺氏古菱齿象等象科动物的同类，现已灭绝

说起日本的代表性古生物，也许不少人会想到诺氏古菱齿象。这是一种象科动物，存在于新生代第四纪更新世，是现代亚洲象、非洲象的同类。

诺氏古菱齿象的拉丁学名为 *Palaeoloxodon naumanni*，其化石大量出土于日本，体形与现代亚洲象相近，喜好温带环境，气温回暖后就会迁徙北上，变冷后又会南下。

其雄象的特征在于巨大的象牙，有的雄象象牙超过了2米，为旧石器时代人类的狩猎对象。

象属于长鼻目。一般认为，在长鼻目生物中，最古老、最原始的象科动物是生活在新近纪上新世北非地区的磷灰兽。其傍水而居，体长约60厘米，外形似小型河马。长鼻目生物来到了平原之后，磷灰兽的体形才逐渐变大。

到新近纪中新世之后，长鼻目嵌齿象科动物诞生了。其中，嵌齿象最具代表性，其上下颌长有象牙，且下颌处的象牙朝外生长。

同时代的铲齿象在下颌处生有扁平状的长形象牙，上颌处的象牙较短。铲齿象也许是在长鼻目生物体形逐渐变大、鼻子逐渐变长的过程中出现的物种。

嵌齿象与铲齿象都不属于象科动物，但从广义上来说与象科动物有亲缘关系。

象科动物的同类，现已灭绝

诺氏古菱齿象

新生代第四纪更新世
哺乳纲
真兽亚纲
长鼻目
象科
体长约4.5米
肩高最大约为3米

诺氏古菱齿象化石

铲齿象

新生代新近纪中新世
铲齿象属
体长约4米
肩高约2米

嵌齿象

新生代新近纪中新世
哺乳纲
真兽亚纲
长鼻目
嵌齿象科
体长4~5米
肩高2.5~3.5米

长鼻目生物在进化的过程中体形逐渐变大，牙齿也变得越来越特殊。专家认为，这是食性等生活方式与栖息环境的变化所导致的。

127